U0353295

二级建造师继续教育系列教材

信息化技术在建筑电气施工中的应用

齐保良　郑学汉　蔺玉璞　**编著**

中国矿业大学出版社

内 容 提 要

本书介绍了我国信息化技术在建筑电气施工中应用与实践的部分成果。全书共分为 4 章:第一章为建筑信息模型(BIM)的识读,第二章为典型工程 BIM 模型与管线综合布置技术,第三章为物联网技术在建筑施工中的应用,第四章为施工现场远程监控管理与工程远程验收。

本书可作为从事建筑机电工程设计、施工、管理等专业人员的继续教育培训教材,也可供大专院校相关专业师生学习参考。

图书在版编目(C I P)数据

信息化技术在建筑电气施工中的应用 / 齐保良,郑
学汉,蔺玉璞编著. —徐州 : 中国矿业大学出版社,
2019.9
ISBN 978 - 7 - 5646 - 0990 - 0

Ⅰ. ①信… Ⅱ. ①齐… ②郑… ③蔺… Ⅲ. ①信息技
术－应用－建筑安装－电气设备－工程施工 Ⅳ.
①TU85－39

中国版本图书馆 CIP 数据核字(2019)第 192238 号

书　　名	信息化技术在建筑电气施工中的应用	
编　　著	齐保良　郑学汉　蔺玉璞	
责任编辑	陈　慧	
出版发行	中国矿业大学出版社有限责任公司	
	(江苏省徐州市解放南路　邮编 221008)	
营销热线	(0516)83884103　83885105	
出版服务	(0516)83995789　83884920	
网　　址	http://www.cumtp.com　**E-mail**:cumtpvip@cumtp.com	
印　　刷	日照报业印刷有限公司	
开　　本	787 mm×1092 mm　1/16　**印张** 7　**字数** 175 千字	
版次印次	2019 年 9 月第 1 版　2019 年 9 月第 1 次印刷	
定　　价	43.00 元	

(图书出现印装质量问题,本社负责调换)

出 版 说 明

　　为了加强建设工程项目管理,提高工程项目总承包及施工管理专业技术人员素质,规范施工管理行为,保证工程质量和施工安全,根据《中华人民共和国建筑法》《建设工程质量管理条例》《建设工程安全生产管理条例》和国家有关执业资格考试制度的规定,2002 年中华人民共和国人事部和建设部联合颁发了《建造师执业资格制度暂行规定》(人发〔2002〕111号),对从事建设工程项目总承包及施工管理的专业技术人员实行建造师执业资格制度。

　　注册建造师是以专业技术为依托、以工程项目管理为主业的注册执业人士。依据中华人民共和国住房和城乡建设部令第 32 号修订的《注册建造师管理规定》(自 2016 年 10 月20 日起施行),按规定参加继续教育是注册建造师应履行的义务,也是申请延续注册的必要条件。注册建造师应通过继续教育,掌握工程建设相关法律法规、标准规范,增强职业道德和诚信守法意识,熟悉工程建设项目管理新方法、新技术,总结工作中的经验教训,不断提高综合素质和执业能力。

　　根据《山东省二级建造师继续教育管理暂行办法》,受山东省建设执业资格注册中心委托,本编委会组织具有较高理论水平和丰富实践经验的专家、学者,编写了"二级建造师继续教育系列教材"。在编纂过程中,我们坚持"以提高综合素质和执业能力为基础,以工程实例内容为主导"的编写原则,突出系统性、针对性、实践性和前瞻性,体现建设行业发展的新常态、新法规、新技术、新工艺、新材料等内容。本套教材共 15 册,分别为《建设工程新法律法规与案例分析》《建设工程质量管理》《建设工程信息化技术实务》《建筑工程新技术概论》《建设工程项目管理理论与实务》《工程建设标准强制性条文选编》《装配式建筑技术与管理》《城市轨道交通建造技术与案例》《城市桥梁建造技术与案例》《城市管道工程》《城市道路工程施工质量与安全管理》《安装工程新技术》《建筑机电工程新技术及应用》《智慧工地与绿色施工技术》《信息化技术在建筑电气施工中的应用》。本套教材既可作为二级注册建造师继续教育用书,也可作为建设单位、施工单位和建设类大中专院校的教学及参考用书。

　　本套教材的编写得到了山东省住房和城乡建设厅、清华大学、中国海洋大学、山东大学、山东建筑大学、青岛理工大学、山东交通学院、山东中英国际工程图书有限公司、山东中英国际建筑工程技术有限公司、中国矿业大学出版社等单位的大力支持,在此表示衷心的感谢。

　　本套教材虽经反复推敲核证,仍难免有疏漏之处,恳请广大读者提出宝贵意见。

二级建造师继续教育系列教材编委会

2019 年 8 月

前　言

　　信息技术已广泛应用于建筑业，并取得了丰硕成果。本书从一个侧面反映了我国信息化技术在建筑电气施工中应用与实践的部分成果。全书共分为 4 章：第一章为建筑信息模型（BIM）的识读，第二章为典型工程 BIM 模型与管线综合布置技术，第三章为物联网技术在建筑施工中的应用，第四章为施工现场远程监控管理与工程远程验收。本书可作为从事建筑机电工程设计、施工、管理等专业人员的继续教育培训教材，也可供大专院校相关专业师生学习参考。

　　本书由山东建筑大学齐保良、郑学汉、蔺玉璞编写，编写的具体分工如下：第一、二章由齐保良、蔺玉璞编写，第三、四章由郑学汉编写，全书由齐保良统稿。

　　本书在编写过程中，参阅了有关书籍、论文、厂家产品资料、国家有关标准规范和设计院的设计资料，在此对参考资料的作者表示衷心的感谢，若有因编者疏忽而没有列入参考文献的请予以谅解。本书的编写还得到了山东省住房和城乡建设厅、山东建筑大学继续教育学院的大力支持，在此表示衷心感谢。

　　受作者水平和时间所限，本书难免存在疏漏和不当之处，敬请各位专家和读者批评指正。

作　者

2019 年 6 月于济南

目　录

第一章　建筑信息模型(BIM)的识读

建筑信息模型(building information modeling,BIM)是在建设工程及设施全生命周期内,对设施的物理和功能特性进行数字化表达,并依此设计、施工、运营的过程和结果的总称,简称模型。

为推广应用 BIM 技术,住房和城乡建设部制定了实施 BIM 技术的有关标准,各级政府也先后推出相关 BIM 技术推进政策。针对性的国家标准有:《建筑信息模型应用统一标准》(GB/T 51212—2016),于 2017 年 7 月 1 日正式实施,该标准规定了模型结构与拓展、数据互用、模型应用等诸多方面的内容,提出了建筑模型应用的基本要求,是建筑信息模型应用的基础标准;《建筑信息模型施工应用标准》(GB/T 51235—2017),于 2018 年 1 月 1 日正式实施,该标准从深化设计、施工模拟、预制加工、进度管理、预算与成本管理、质量与安全管理、施工监理、竣工验收等方面提出了建筑信息模型的创建、使用和管理的要求。

近年来建筑行业越来越多地使用 BIM 技术,建造师应该掌握建筑信息模型的基本识读方法。

目前 BIM 核心建模软件主要有 Revit 系列软件、Bentley 系列软件、ArchiCAD 软件及 DigitalProject 软件。在民用建筑设计中,Revit 系列软件因其能满足建筑设计特点且全专业配套而得到广泛的应用。

本章主要介绍 Revit 基础知识、Revit 软件界面、机电基础命令、建筑信息模型的识读方法和工程量统计方法。

第一节　Revit 基础知识

本节介绍 Revit 的文件管理方式和常用术语。

1. 项目

在 Revit 中,可以简单地将项目理解为 Revit 的默认存档格式文件。该文件中包含了工程中所有的模型信息和其他工程信息,如材质、造价、数量等,还可以包括设计中生成的各种视图。

项目以“.rvt”数据格式保存。注意:“.rvt”格式的项目文件无法在低版本的 Revit 软件中打开,但可以被更高版本的 Revit 软件打开。

2. 建筑信息模型元素

建筑信息模型的基本组成单元,简称模型元素,又称图元。

3. Revit 图元

Revit 图元包括模型图元、基准图元和视图专用图元,其功能如图 1-1 所示。

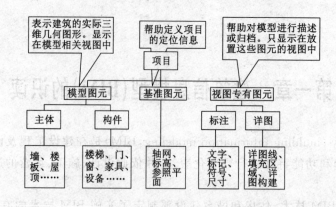

图 1-1　Revit 图元的构成及作用

4. 构件

一个建筑物是由许多构件组成的,如墙、楼板、梁、柱、门和桥架等,在 Revit 中称为图元。

构件不仅仅指墙、门、窗等具体的建筑构件,还包括文字注释、尺寸标注和标高等信息,这与 CAD 中图块表示的含义不同。在 Revit 中每一个对象都附带有自己的属性参数。

5. 族

族是一个包含通用属性(称作参数)集和相关图形表示的图元组。按族成组的图元都有共同的参数(属性)设置、相同的用法及类似图形化表示。属于同一族的图元部分或全部参数可以有不同的值,但是参数(其名称与含义)的集合是相同的,属性的设置是相同的。

如:门,可以看成一个族,有推拉门、双开门和单开门等,其尺寸、材质和样式等都可以有差别。

根据定义的方法和用途的不同,族可分为系统族、标准构件族(可载入族)和内建族。

① 系统族:在 Revit 中预定义的族,包括基本建筑构件。可以在系统族中通过设定新的参数来定义新的系统族。

② 标准构件族:在建筑设计中使用的标准尺寸和配置的常见构件、符号。可以使用族编辑器中标准族样板来定义族的几何图形和尺寸。族样板有助于创建和操作构件族。

标准构件族与系统族的不同之处为:标准构件族可以作为独立文件存在于建筑模型之外,具有".rfa"扩展名,可以载入项目中、在项目之间传递、保存到用户库,修改时传播到整个项目、自动在每个实例中反映出来。

③ 内建族:当前关联环境内创建的族,仅存于此项目中,不能载入其他项目,通过内建族创建专有构件。

6. 类型

簇是相关类型的集合,是类似几何图形的编组。簇中成员的几何图形相似而尺寸不同。类型可以看成簇的一种特定尺寸或样式。类型定义对象所具有的属性、与其他对象如何相互作用、在不同视图的表示方法。各个簇可拥有不同的类型,一个簇也可以拥有多个类型,每个不同的尺寸都可以是同一簇内的新类型。

7. 实例

实例是放置在项目中的实际项,在建筑(模型实例)或图纸(注释实例)中有特定的位置。

实例是簇中类型的具体例证,是类型模型的具体化。实例是唯一的,但任何类型可以有许多相同的实例,在设计中定义在不同的部位。

8. 属性

描述一个构件的属性有许多项,其属性值也有多种类型。例如,门的类型名、高度、材质和标高等。属性包括数值型、字符型和布尔型等。通常一个构件有两类属性,即类型属性和实例属性。

① 类型属性:同一个簇中的多个类型所通用的属性称为类型属性。

② 实例属性:随着构件在建筑中或在项目中的位置变化而改变的属性称为实例属性。

实例属性与类型属性的区别在于:类型属性影响全部在项目中该簇的实例和任何要在项目中放置的实例,类型属性的参数确定了同类型全部实例所继承的共享值,并提供了一次改变多个单独实例的方法;实例属性只影响已选择的构件,或者要放置的构件。类型参数是对类型的单独实例之间共同的所有参数进行定义,实例参数是对实例与实例之间不同的参数进行定义。

第二节　Revit 机电基础命令

本节主要介绍 Revit 软件界面和机电基础命令。

一、Autodesk Revit 界面介绍

Revit 采用 Ribbon(功能区)界面,版本不同时其界面有所变化,但基本布局相似,用户根据操作需求能够简便地找到相应的功能按钮,如图 1-2 所示。

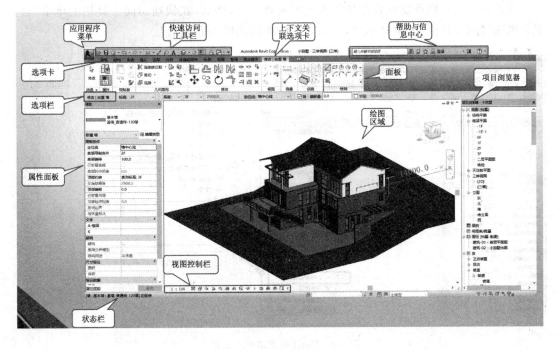

图 1-2　Revit 工作界面

1. 快速访问工具栏（快捷方式）

该工具栏陈列了一些基本的操作工具。在图标上单击鼠标右键能自定义快捷方式，也能在功能栏上单击右键能新增快捷方式。常用快速访问工具功能见表 1-1。

表 1-1　常用快速访问工具功能表

快速访问工具	功　　能
	打开项目、族、注释、建筑构件或 IFC 文件
	保存当前的项目、族、注释或样板文件
	默认情况下取消上次的操作
	恢复上次取消的操作
	点击下拉箭头，然后单击要显示切换的视图
	打开或创建视图，包括三维视图、相机视图和漫游视图
	将本地文件与中心服务器上的文件进行同步
	自定义快速访问工具栏上显示的工具项目

快速访问工具栏可以设置在功能区上方或者下方，例如，在快速访问工具栏上单击"自定义快速访问工具栏"下拉菜单（图 1-3），选择"在功能区上方显示"。

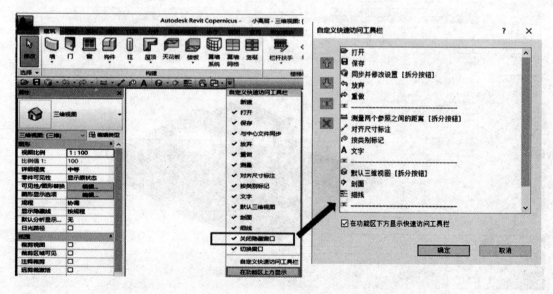

图 1-3　Revit 快速访问工具栏

2. 功能栏

功能栏在创建或打开文件时会自动显示,并提供创建文件时所需要的全部工具。功能区主要由选项卡、工具面板和工具组成,如图1-4所示。专业不同,选项有所不同,但共用选项功能相同。

图 1-4 Revit 功能栏

参照平面是 Revit 软件默认的辅助线功能,对点位的捕捉、管线的定位及以后的制作族文件有重要作用。

3. 选项栏

选项栏位于功能区下方,其内容根据当前命令或所选图元变化。选项栏的内容比较类似于 AutoCAD 的命令提示行,其内容因当前所执行的工具或所选图元的不同而不同,如图1-5所示。

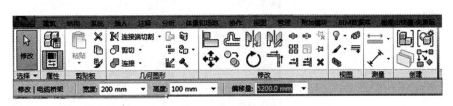

图 1-5 Revit 选项栏

4. 项目浏览器

项目浏览器用于显示所有视图、明细表、图纸、族、组、链接的 Revit 模型等其他逻辑层次,展开和折叠各分支时显示下一层项目,如图1-6所示。

常用楼层平面、三维视图、立面(建筑立面)及剖面(建筑剖面)这四个选项。

5. 视图控制栏

视图控制栏位于 Revit 窗口的底部、状态工具栏之上,通过它可以快速访问绘图区域的功能,作用是调节视图的各种显示选项。其各部分功能如图1-7所示。

6. 属性面板

属性面板的主要功能是查看或修改图元属性特征,窗格会显示该图元的图元类型和属性参数等,如图1-8所示。当选择图元对象时,属

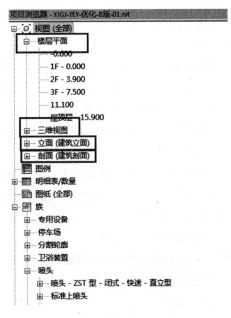

图 1-6 Revit 项目浏览器

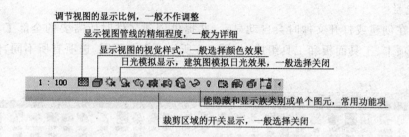

图 1-7 Revit 视图控制栏

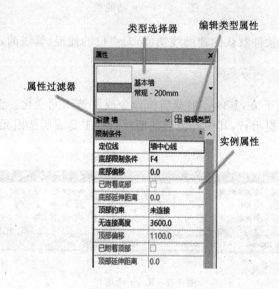

图 1-8 Revit 属性面板

性面板将显示当前所选择对象的实例属性;如果未选择任何图元,则选项板上将显示活动视图的属性。

　　属性面板主要由以下四部分组成:

　　① 类型选择器。选项板上面一行的预览框和类型名称即为图元类型选择器。单击右侧的下拉按钮,从列表中选择合适的构件类型替换现有类型,不需要反复修改图元参数。

　　② 属性过滤器。在绘图区域选择多类图元时,可以通过属性过滤器选择所选对象中的某一类对象。

　　③ 实例属性参数。选项板下面的各种参数列表框显示了当前选择图元的各种限制条件、图形类、尺寸标注、标识数据、阶段类等实例参数及其值。可以通过修改参数值来改变当前选择图元的外观尺寸等。

　　④ 编辑类型。单击该按钮,系统将打开"类型属性"对话框,如图 1-9 所示。用户可以复制、重命名对象类型,并可以通过编辑其中的类型参数值来改变与当前选择图元同类型的所有图元的外观尺寸等。

　　7. 状态栏

　　状态栏用于显示和修改当前命令操作或功能所处的状态,如图 1-10 所示。

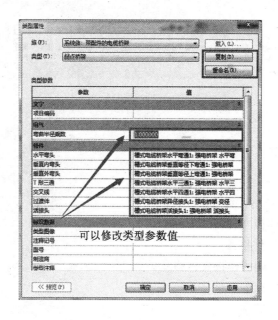

图 1-9　Revit 编辑类型的"类型属性"对话框

图 1-10　Revit 状态栏

使用某一工具时,状态栏左侧会提供一些技巧或提示,告诉用户做些什么。高亮显示图元或构件时,状态栏会显示族和类型的名称,如图 1-11 所示。

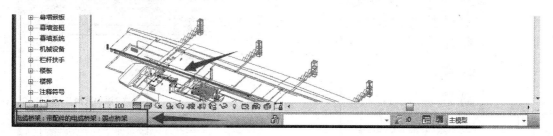

图 1-11　Revit 状态栏高亮状态

8. 绘图区域

Revit 窗口中的绘图区域显示当前项目的楼层平面视图、三维视图和明细表视图。在 Revit 中每当切换至新视图时,都在绘图区域创建新的视图窗口,且保留所有已打开的其他视图。

默认情况下,绘图区域的背景颜色为白色。在"选项"对话框"图形"选项卡中,可以设置视图中的绘图区域背景反转为黑色。使用"视图"—"窗口"—"平铺"或"层叠"工具,还可设置所有已打开视图排列方式为平铺、层叠等,如图 1-12 所示。

图 1-12 Revit 视图"窗口"工具

二、Revit 文件格式

1. Revit 基本文件格式

Revit 四种基本文件格式如下：

① ret 格式：项目样板文件格式。

② rvt 格式：项目文件格式。

③ rft 格式：可载入族的样板文件格式。

④ rfa 格式：可载入族的文件格式。

2. 支持的其他文件格式

Revit 提供了"导入""链接""导出"工具，支持 CAD、FBX、IFC、gbXML 等多种文件格式，可以根据需要进行有选择的导入和导出，如图 1-13 所示。

三、Revit 项目设置

1. 项目信息

切换至"管理"选项卡，在"设置"面板中单击"项目信息"按钮，系统将打开"项目属性"对话框，如图 1-14 所示。此时，可依次在"项目发布日期""项目状态""客户姓名""项目名称"

图 1-13 Revit 导出文件格式

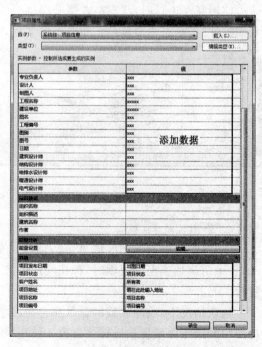

图 1-14 Revit 项目信息

和"项目编号"文本框中输入相应信息。若单击"项目地址"参数后的"编辑"按钮,还可以输入相应的项目地址信息。

单击"能量设置"参数后的"编辑"按钮,系统打开"能量设置"对话框,用户可以设置"建筑类型"和"地平面"等参数信息,如图1-15所示。

图1-15　Revit"能量设置"对话框

2．项目单位

切换至"管理"选项卡,在"设置"面板中单击"项目单位"按钮,系统将打开"项目单位"对话框,如图1-16所示。

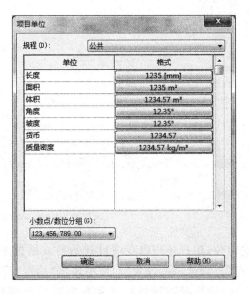

图1-16　Revit"项目单位"对话框

此时，单击各单位参数后的格式按钮，系统打开"格式"对话框，用户可以进行相应的单位设置，如图1-17所示。

图1-17 Revit"格式"对话框

3. 项目地点

切换至"管理"选项卡，在"项目位置"面板中单击"地点"按钮，系统将打开"位置、气候和场地"对话框，如图1-18所示。此时，在"定义位置依据"下拉列表框中选择"默认城市列表"选项，然后即可通过"城市"下拉列表框，或"纬度"和"经度"文本框来设置项目的地理位置。

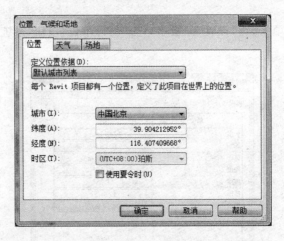

图1-18 Revit"位置、气候和场地"对话框

4. 捕捉设置

为在设计中精确捕捉定位，用户还可以在项目开始前或根据个人的操作习惯设置对象的捕捉功能。切换至"管理"选项卡，在"设置"面板中单击"捕捉"按钮，系统将打开"捕捉"对话框，如图1-19所示。此时，用户即可设置长度和角度的捕捉增量，启用相应的对象捕捉类型。

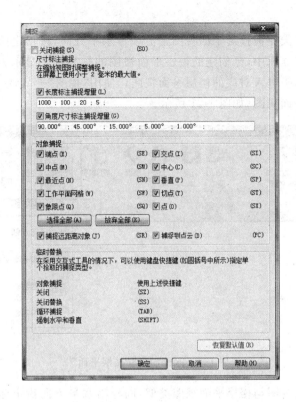

图 1-19　Revit"捕捉"对话框

5. 其他基本设置

材质设置:可对项目中所涉及的构件的材质进行标识、图形、外观、物理与热度的设置。

项目标注:主要针对标记族的设置。

项目参数与共享参数:两者皆用于项目图元的参数,并在明细表中使用。二者的区别在于项目参数仅限于本项目,不能与其他项目或族共享,而共享参数存储于一个独立于任何族文件或项目的文件中。

传递项目标准:用于传递不同项目间的数据标准,避免由于数据标准的差异影响绘图效果。

四、视图属性

1. 项目视图种类

Revit 中常用的视图有平面视图、立面视图、剖面视图、详图索引视图、三维视图、图例视图、明细表视图等,如图 1-20 所示。同一项目可以有多个视图。

图 1-20　Revit 视图"创建"

(1) 平面视图

楼层平面视图及天花板投影平面视图是沿项目水平方向，按指定的标高偏移位置剖切项目生成的视图。在立面中，已创建的楼层平面视图的标高标头显示为蓝色。立面中可以通过双击蓝色标高标头进入对应的楼层平面视图。使用"视图"—"创建"—"平面视图"工具可以手动创建楼层平面视图，如图1-21所示。

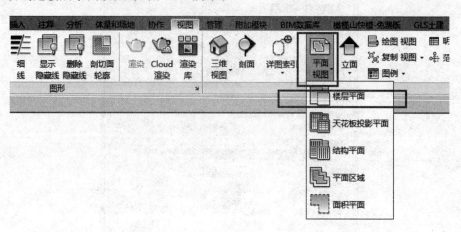

图 1-21　Revit 创建"楼层平面"

天花板投影平面视图与楼层平面视图类似，同样沿水平方向指定标高位置对模型进行剖切生成投影。但天花板投影平面视图与楼层平面视图观察的方向相反：天花板投影平面视图为从剖切面的位置向上查看模型进行投影显示，而楼层平面视图为从剖切面位置向下查看模型进行投影显示，如图1-22和图1-23所示。

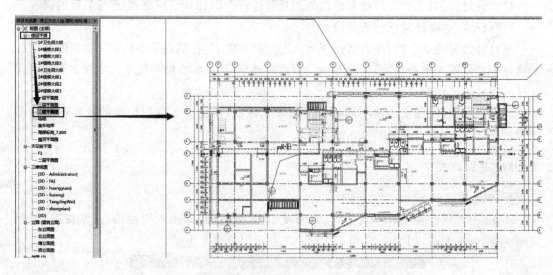

图 1-22　Revit 楼层平面二层平面图

(2) 立面视图

立面视图是项目模型在立面方向上的投影视图。在 Revit 中，默认每个项目将包含东、西、南、北 4 个立面视图，并在楼层平面视图中显示立面视图符号。双击平面视图中立面标

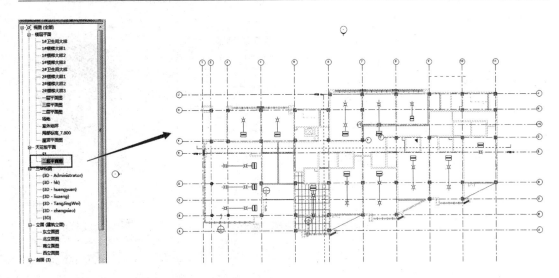

图 1-23 Revit 天花板投影平面二层平面图

记黑色小三角,会直接进入立面视图。Revit 允许用户在楼层平面视图或天花板视图中创建任意立面视图。

(3) 剖面视图

在平面、立面或详图视图中通过在指定位置绘制剖面符号线,在该位置对模型进行剖切,并根据剖面视图的剖切和投影方向生成模型投影。剖面视图具有明确剖切范围,单击剖面标头显示剖切深度范围,可以通过鼠标自由拖拽。

(4) 详图索引视图

当需要对模型的局部细节进行放大显示时,可以使用详图索引视图。创建详图索引的视图,被称为"父视图"。如果删除父视图,则该详图索引视图也将被删除。

(5) 三维视图

Revit 中的三维视图分两种:正交三维视图和透视三维视图。在正交三维视图中,不管相机距离的远近,所有构件的大小均相同,可以点击快速访问栏图标直接进入默认三维视图,可以配合使用"Shift"键和鼠标中键根据需要灵活调整视图角度。透视三维视图用于显示三维视图中的建筑模型,在透视三维视图中,越远的构件显示得越小,越近的构件显示得越大,可以在透视图中选择图元并修改其类型和实例属性。创建或查看透视三维视图时,视图控制栏会指示该视图为透视视图。

2. 视图浏览方式

通过鼠标、ViewCube 和视图导航来实现对 Revit 视图进行平移、缩放等操作,如图 1-24 所示。

在平面、立面或三维视图中,通过滚动鼠标中键对视图进行缩放;按住鼠标中键并拖动鼠标,可以实现视图的平移。在默认三维视图中,按住"Shift"键并按住鼠标中键拖动鼠标,可以实现对三维视图的旋转。

当在项目浏览器中切换视图时,Revit 将创建新的视图窗口。可以对这些已打开的视图窗口进行控制。在"视图"选项卡"窗口"面板中提供了"平铺""层叠""切换窗口"等窗口操作命令,如图 1-25 所示。

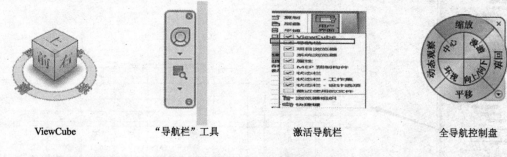

ViewCube   "导航栏"工具   激活导航栏   全导航控制盘

图 1-24 Revit 视图浏览

图 1-25 Revit 视图窗口

（1）切换窗口

在绘图区域中显示另一个已打开（但隐藏）的视图，依次单击"视图"选项卡—"窗口"面板—"切换窗口"下拉列表，然后单击要显示的视图，如图 1-26 所示。

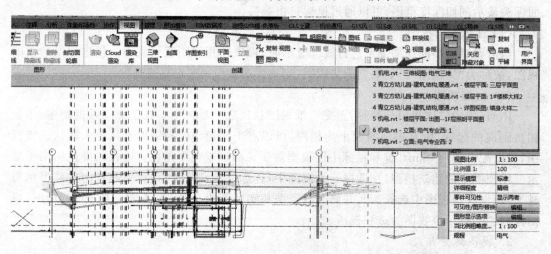

图 1-26 Revit 窗口"切换窗口"

（2）层叠

按序列对绘图区域中所有打开的窗口进行排列，依次单击"视图"选项卡—"窗口"面板—"层叠"，如图 1-27 所示。

（3）平铺

同时查看所有打开的视图，依次单击"视图"选项卡—"窗口"面板—"平铺"，如图 1-28 所示。

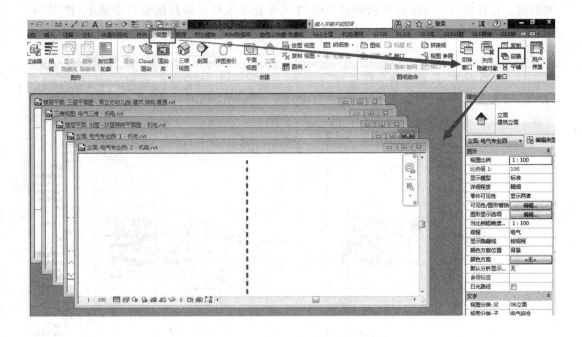

图 1-27　Revit 窗口"层叠"

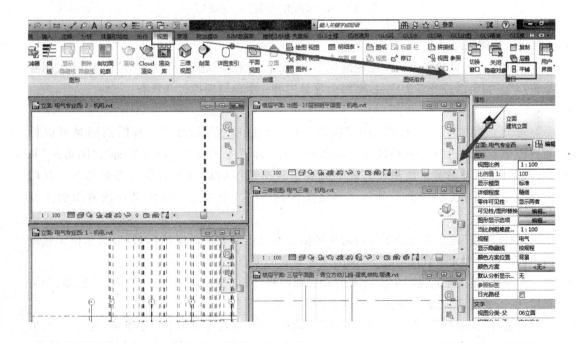

图 1-28　Revit 窗口"平铺"

（4）复制

打开当前视图的第二个窗口，依次单击"视图"选项卡—"窗口"面板—"复制"。如果要在一个窗口中平移或缩放特定设计区域，而同时又在另一个窗口中查看整个设计，该工具非常有用。在新窗口中对项目所做的任何修改同样会在该项目的其他窗口中显示(使用"平铺"工具可同时查看这两个视图),如图 1-29 所示。

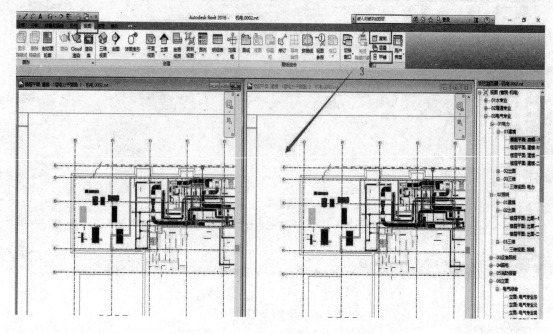

图 1-29　Revit 视图"复制"+"平铺"

（5）关闭隐藏对象

关闭同一项目的多个窗口隐藏的视图,依次单击"视图"选项卡—"窗口"面板—"关闭隐藏窗口"。如果已打开多个项目,则每个项目中有一个窗口保持打开状态。

3. 视图范围

每个平面图都具有"视图范围"属性,该属性也称为可见范围。视图范围是可以控制视图中对象的可见性和外观的一组水平平面。水平平面分为"顶部平面"、"剖切面"和"底部平面"。顶剪裁平面和底剪裁平面表示视图范围的最顶部和最底部的部分。剖切面是确定视图中某些图元可视剖切高度的平面。这 3 个平面可以定义视图范围的主要范围。

"视图深度"是主要范围之外的附加平面。可以设置视图深度的标高,以显示位于底裁剪平面下面的图元。默认情况下,视图深度与底部重合。

如图 1-30 从立面视图角度显示平面视图的视图范围:①顶部、②剖切面、③底部、④偏移量、⑤主要范围、⑥视图深度。视图范围图示见图 1-31。

可见性/图形替换:在"可见性/图形"对话框,可以查看已应用于某个类别的替换。如果已经替换了某个类别的图形显示,单元格会显示图形预览。如果没有对任何类别进行替换,单元格会显示为空白,图元则按照"对象样式"对话框中的指定显示。

打开"视图"选项卡—"图形"面板—"可见性/图形"对话框,或者打开楼层平面的"属性"对话框,单击"可见性图形替换"右侧的"编辑"按钮,打开"可见性/图形替换"对话框。如图 1-32 为 Revit 可见性设置。

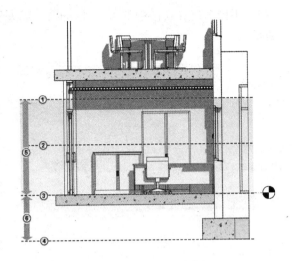

图 1-30 Revit 立面视图角度视图范围

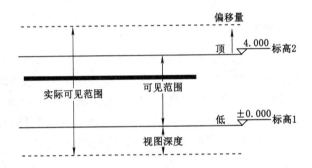

图 1-31 Revit 视图范围图示

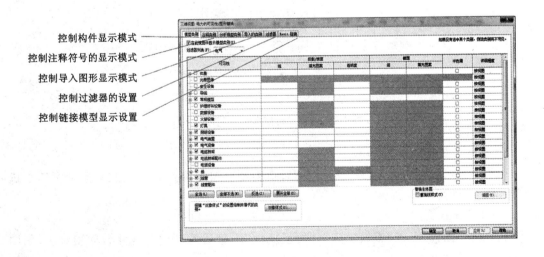

图 1-32 Revit 视图"可见性/图形"

"过滤器"选项卡可控制不同系统在视图中的可见性,同时可以方便地将不同专业的视图分别显示,如图 1-33 所示。

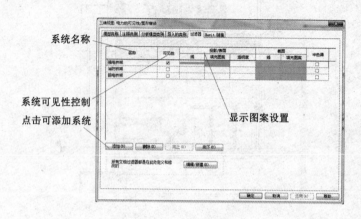

图 1-33　Revit 视图"过滤器"

五、给排水系统基础命令

水管系统包括空调水系统、生活给排水系统及雨水系统等。空调水系统又分为冷冻水、冷却水和冷凝水等系统。生活给排水分为冷水系统、热水系统和排水系统。

Revit 软件可以绘制水平、垂直和倾斜的管道,绘制方法有:使用"系统"选项卡—"卫浴和管道"面板上的"管道"命令,或者在管道末端、管件、机械设备和管路附件的连接件上单击鼠标右键,然后从上下文菜单中选择"管道选项"具体按钮指令,如图 1-34 所示。

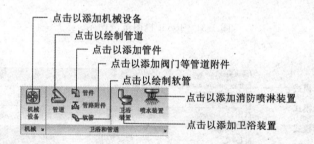

图 1-34　Revit 给排水系统基础指令

1. 管道的属性及命名

在绘图区域鼠标右击,选择"属性"—"管道类型"—"编辑类型"—"复制/重命名",可进行管件命名,如图 1-35 所示。

2. 管件参数

在"属性"面板,点击"编辑类型","类型属性"中管道类型应与管件名称相对应,如图 1-36 所示。

3. 管道过滤器设置

在视图中,要让显示模型以某种颜色呈现、显示或者不显示,都可以通过过滤器来设置。

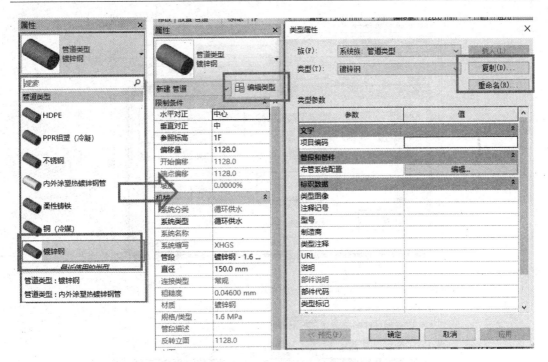

图 1-35 Revit 管道的命名及属性

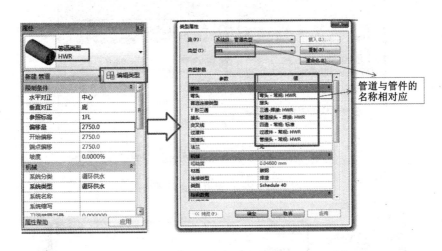

图 1-36 Revit 管件参数

在如图 1-37 所示管道过滤器设置中:1 所指示框中命令按钮分别为新建、复制、重命名及删除;2 所指示框中,选择类别时应注意如果选择管道需要把相对应的管路附件及管件同时勾选;3 所指示框中,选择过滤条件时应注意分类的依据。另外,线型颜色与填充颜色应相同,线型颜色在导出 CAD 图时与 CAD 中管路颜色是相对应的,如图 1-38 中 4 所示。

4. 管道视图范围

可设置管道模型的深度、视图,并可以随意调整顶部、剖切面及底部的显示。单击楼层平面的视图属性对话框的"视图范围"右侧的"编辑"按钮,在弹出的"视图范围"对话框中进行相应设置,如图 1-39 所示。

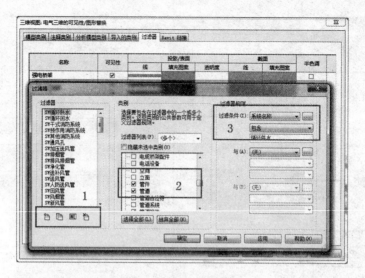

图 1-37　Revit 管道过滤器设置

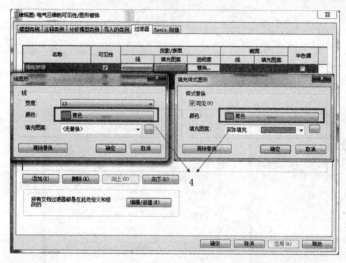

图 1-38　Revit 管道过滤器填充

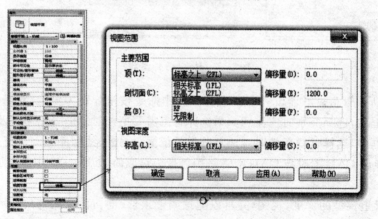

图 1-39　Revit 楼层平面视图范围

5. 常用快捷键

设备中常用的快捷键操作,如表 1-2 所列。

表 1-2　常用的机电系统建模快捷键

风管(DT)	风管管件(DF)	风管附件(DA)
管道(PI)	管件(PF)	管件(PF)
电缆桥架(CT)	电缆桥架配件(TF)	电缆桥架配件(TF)

六、暖通系统基础命令

Revit 具有管路系统三维建模功能,可以直观地反映系统布局,实现所见即所得。设计初期,根据设计要求对风管、管道等进行设置,可以提高设计准确性和效率。

1. 基础命令

在暖通系统,单击"系统"选项卡下"HVAC"面板基础命令,见图 1-40。

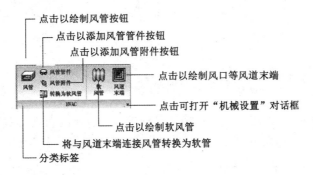

图 1-40　Revit 的"HVAC"面板

2. 风管类型

使用"系统"选项卡—"HVAC"面板上的"风管"命令(或在风管末端、风管管件、风道末端、机械设备和风管附件上的连接件上单击鼠标右键,然后使用上下文菜单中的"风管"选项),绘制水平和垂直风管,通过绘图区域左侧的"属性"对话框选择和编辑风管的类型,如图 1-41 所示。

Revit 提供的"机械样板"项目样板文件中默认配置了矩形风管、圆形风管及椭圆形风管,默认的风管类型与风管连接方式有关。

单击"编辑类型"按钮,打开"类型属性"对话框,可以对风管类型进行配置,如图 1-42 所示。

单击"复制"按钮,可以在已有风管类型基础模板上增加新的风管类型。

图 1-41　Revit 风管属性

通过在"管件"列表中配置各类型风管管件族,绘制风管时,指定风管尺寸可以自动添加到管件中。

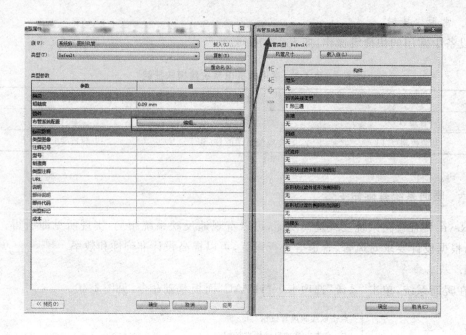

图 1-42　Revit 风管类型属性

通过编辑"标识数据"中的参数为风管添加标识。

3. 风管尺寸

在 Revit 中,单击"HVAC"中下三角—"机械设置"—"管段和尺寸",右侧面板会显示可在当前项目中使用的管道尺寸列表,见图 1-43。在 Revit 中,管道尺寸可以通过"管段"进行设置,"粗糙度"用于管道的水力计算。

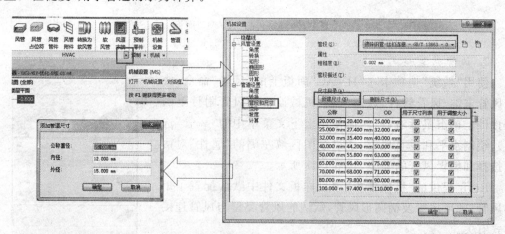

图 1-43　Revit 风管尺寸

单击"新建尺寸"或"删除尺寸"按钮可以添加或删除管道的尺寸。新建管道的公称直径和现有列表中管道的公称直径不允许重复。如果在绘图区域已经绘制了某尺寸的风管,该尺寸在"机械设置"尺寸列表中将不能删除,需要先删除项目中的风管,才能删除"机械设置"中的尺寸。

4. 其他设置

在"机械设置"对话框的"风管设置"选项中,可以对风管进行尺寸标注及对风管内流体参数等进行设置,如图 1-44 所示。

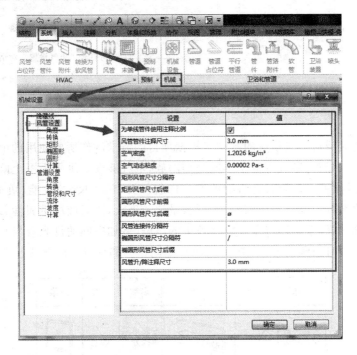

图 1-44　Revit 风管设置

其中几个较为常用的参数意义如下:

① 为单线管件使用注释比例:如果勾选该复选框,在屏幕视图中,风管管件和风管附件在粗略显示程度下,将会以"风管管件注释尺寸"参数所指定的尺寸显示,默认情况下,这个设置是勾选的。如果取消勾选,后续绘制的风管管件和风管附件族将不再使用注释比例显示,但之前已经布置到项目中的风管管件和风管附件族不会更改,仍然使用注释比例显示。

② 风管管件注释尺寸:指定在单线视图中绘制的风管管件和风管附件的出图尺寸。无论图纸比例为多少,该尺寸始终保持不变。

③ 矩形风管尺寸后缀:指定附加到根据"实例属性"参数显示的矩形风管尺寸后面的符号。

④ 圆形风管尺寸后缀:指定附加到根据"实例属性"参数显示的圆形风管尺寸后面的符号。

⑤ 风管连接件分隔符:指定在使用两个不同尺寸的连接件时用来分隔信息的符号。

⑥ 椭圆形风管尺寸分隔符:显示椭圆形风管尺寸标注的分隔符号。

⑦ 椭圆形风管尺寸后缀:指定附加到根据"实例属性"参数显示的椭圆形风管尺寸后面的符号。

七、电气系统基础命令

要获得电气系统基础命令,单击"系统"选项卡下"电气"面板基础命令,见图 1-45。

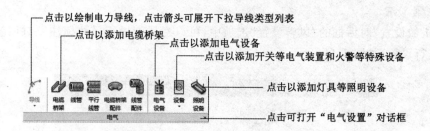

图 1-45 Revit 电气系统基础命令

1. 电气族

电气族是构成项目电气系统的基础。根据项目的需求制作所要使用的电气族文件。电气设备、电缆桥架、线管、导线等都是不同类型的族,电气族在二维平面图上既要满足国标的制图标准,在三维模型上又要符合事物的实际样貌,还需赋予尺寸、性能、负荷类型、光源参数等一系列属性参数。电气专业的族,类型数量比较庞大,同时族所带属性参数的设置也关系到后续的电气计算、系统创建以及模型效果的渲染(例如空间的灯光效果),因此在制作过程中需耗费大量的时间和精力,如图 1-46 所示是制作的部分电气族图片。

名称	二维	三维	名称	二维	三维
应急疏散指示标志	←	出口 EXIT →	安装单联单控开关	◟C	□
安全出口标志	E	安全出口 EXIT	二三孔安全插座	⋂	□
单管格栅荧光灯	⊢—⊣		信息插座	TD	TD □
带火警电话插孔的火灾自动报警按钮	YΦ		感烟探测器	S	

图 1-46 部分电气族的二维三维图片

(1)电缆桥架

① 电缆桥架类型。Revit 提供两种不同的电缆桥架形式:"带配件的电缆桥架"和"无配件的电缆桥架",都配置了默认类型,如图 1-47 所示。

"带配件的电缆桥架"的默认类型有实体底部电缆桥架、梯级式电缆桥架和槽式电缆桥架。"无配件的电缆桥架"的默认类型有单轨电缆桥架和金属丝网电缆桥架。其中,"梯级式电缆桥架"的形状为梯形,其他类型的截面形状为槽形。和风管、管道一样,在项目实施之前要设置好电缆桥架类型。

② 电缆桥架属性。单击"系统"选项卡—"电气"—"电缆桥架",在"修改放置电缆桥架"下选项卡的"属性"对话框中单击"编辑类型"按钮,如图 1-48 所示。或者在项目浏览器中,展开"族"—"电缆桥架",双击要编辑的类型即可打开"类型属性"对话框,如图 1-49 所示。

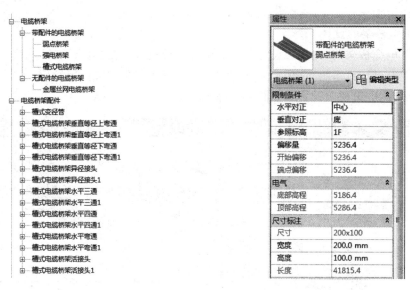

图 1-47　Revit 电缆桥架形式　　　　图 1-48　Revit 电缆桥架"属性"

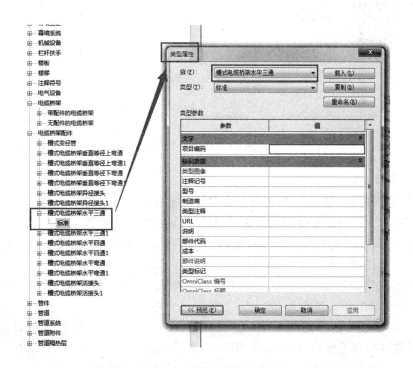

图 1-49　Revit 电缆桥架"类型属性"

在电缆桥架的"类型属性"对话框中,"管件"列表下需要定义管件配置参数。通过这些参数指定电缆桥架配件族,可以配置在管路绘制过程中自动生成的管件(或称配件)。软件自带的项目样板"机械样板"中预先配置了电缆桥架类型,并分别指定了各种类型下"管件"默认使用的电缆桥架配件族。这样在绘制桥架时,所指定的桥架配件就可以自动放置到绘图区域与桥架相连接。

(2) 电缆桥架的设计

在布置电缆桥架前,先按照设计要求对桥架进行设置。在"电气设备"对话框中定义"电缆桥架设置"。单击"系统"选项卡—"电气"面板右侧下三角—"电气设置",在"电气设置"对话框左侧展开"电缆桥架设置",如图 1-50 所示。

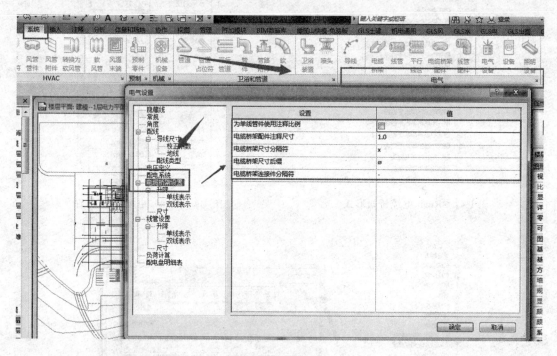

图 1-50　Revit 电缆桥架设置

① 定义设置参数。

为单线管件使用注释比例:用来控制电缆桥架配件在平面视图中的单线显示。如果勾选该选项,将以"电缆桥架配件注释尺寸"的参数绘制桥架和桥架附件。

电缆桥架配件注释尺寸:指定在单线视图中绘制的电缆桥架配件出图尺寸。该尺寸不以图纸比例变化而变化。

电缆桥架尺寸分隔符:该参数指定用于显示电缆桥架尺寸的符号。例如,如果使用"×",则宽度为 300 mm、深度为 100 mm 的风管尺寸将显示为"300 mm×100 mm"。

电缆桥架尺寸后缀:指定附加到根据"属性"参数显示的电缆桥架尺寸后面的符号。

电缆桥架连接件分隔符:指定在使用两个不同尺寸的连接件时用来分隔信息的符号。

② 设置"升降"和"尺寸"展开"电缆桥架设置",设置"升降"和"尺寸"。

"升降"选项用来控制电缆桥架标高变化时的显示。选择"升降",在右侧面板中可指定电缆桥架升降注释尺寸的值,如图 1-51 所示。该参数用于指定在单线视图中绘制的升/降注释的出图尺寸。该注释尺寸不以图纸比例变化而变化,默认设置为 3 mm。

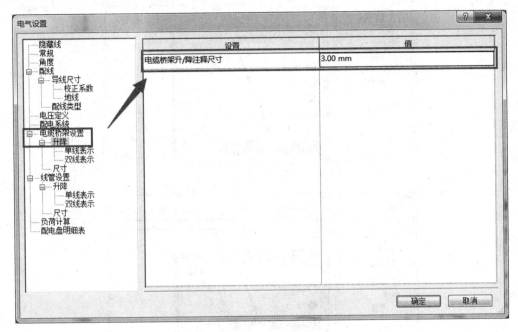

图 1-51　Revit 电缆桥架设置"升降"

在左侧面板中,展开"升降",选择"单线表示",可以在右侧面板中定义在单线图纸中显示的升符号、降符号,单击相应"值"列内按钮,在弹出的"选择符号"对话框中选择相应符号,如图 1-52(a)所示。使用同样的方法设置"双线表示",定义在双线图纸中显示的升符号、降符号,如图 1-52(b)所示。

选择"尺寸",右侧面板会显示在项目中使用的电缆桥架尺寸表,在表中可以编辑当前项目文件中的电缆桥架尺寸,如图 1-53 所示。在尺寸表中,在某个特定尺寸右侧勾选"用于尺寸列表",表示在整个 Revit 的电缆桥架尺寸列表中显示所选尺寸。

此外,"电气设置"还有一个公用选项"隐藏线",如图 1-54 所示,用于设置图元之间交叉、发生遮挡关系时的显示。它与"机械设置"的"隐藏线"是同一设置。

(3) 电缆桥架类型区分

电缆桥架类型区分最常使用的方法是为每一种桥架系统添加各自的过滤器,并且在可见性图形替换中填充上不同的颜色。

在"视图"选项卡上单击"可见性/图形替换"—"过滤器",在对话框中输入电缆桥架的名称对应的"填充图案",如图 1-55 所示。

2. 线管

(1) 线管的类型

和电缆桥架一样,Revit 2016 的线管也提供了两种线管管路形式:无配件的线管和带配件的线管,如图 1-56 所示。Revit 2016 提供的"机械样板"项目样板文件中为这两种系统族默认配置了"刚性非金属线管(RNC Sch 40)"线管类型。同时,用户可以自行添加定

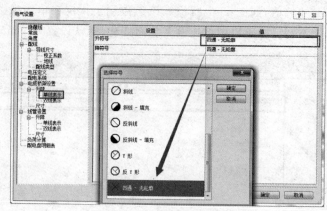

(a) 单线表示

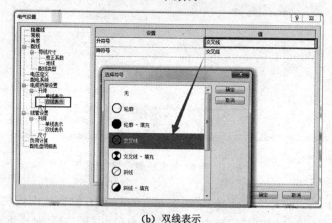

(b) 双线表示

图 1-52　Revit 电气设置"选择符号"

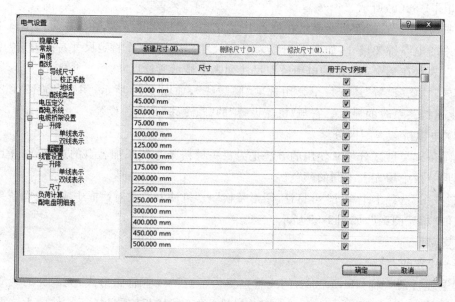

图 1-53　Revit 电气设置"尺寸"

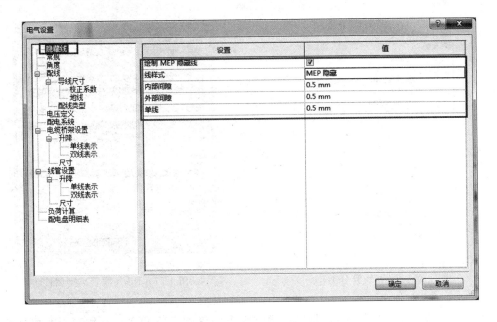

图 1-54　Revit 电气设置"隐藏线"

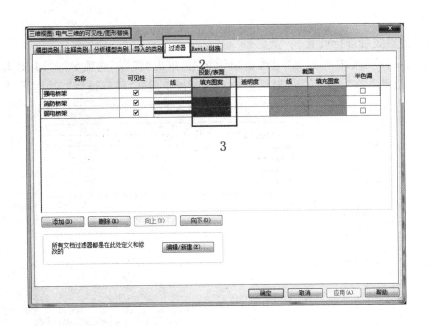

图 1-55　Revit 电缆桥架类型区分

义线管类型。

　　添加或编辑线管的类型,可以单击"系统"选项卡—"线管",在右侧出现的"属性"对话框中单击"编辑类型"按钮,弹出"类型属性"对话框,如图 1-57 所示,对"管件"中需要的各种配件的族进行载入。

　　标准:通过选择标准决定线管所采用的尺寸列表,与"电气设置"—"线管设置"—"尺寸"中的"标准"参数相对应。

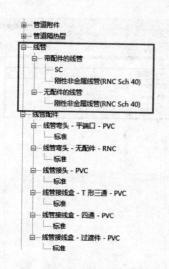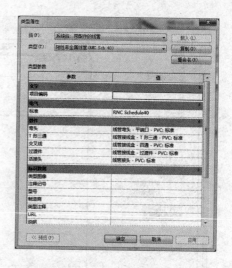

图 1-56　Revit 线管分类　　　　图 1-57　Revit 线管类型属性

管件：管件配置参数用于指定与线管类型配套的管件。通过这些参数可以配置在线管绘制过程中自动生成的线管配件。

（2）线管设置

根据项目对线管进行设置。

在"电气设置"对话框中定义"电缆桥架设置"。单击"管理"选项卡—"MEP 设置"下拉列表—"电气设置"，在"电气设置"对话框的左侧面板中展开"线管设置"，如图 1-58 所示。

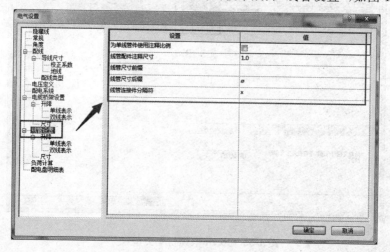

图 1-58　Revit 线管设置

线管的基本设置和电缆桥架类似，这里不再赘述。但线管的尺寸设置略有不同，下面将着重介绍。

选择"线管设置"—"尺寸"，如图 1-59 所示，在右侧面板中即可设置线管尺寸。在右侧面板的"标准"下拉列表中，可以选择要编辑的标准；单击"新建""删除"按钮可创建或删除当前尺寸列表。

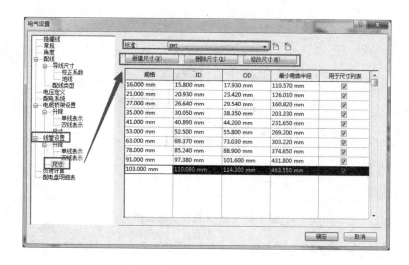

图 1-59　Revit 线管尺寸命令

目前 Revit 2016 软件自带的项目样板"机械样板"中线管尺寸默认创建了 9 种标准：RNC Schedule40、RNC Schedule80、EMT、RMC、JDG、PC、SC、MT 和 IMC，如图 1-60 所示。其中，非金属刚性线管（rigid nonmetallic conduit，RNC）包括"规格 40"和"规格 80"PVC 两种尺寸。

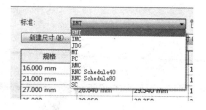

图 1-60　Revit 线管尺寸标准

然后，在当前尺寸列表中，可以通过新建、删除和修改来编辑尺寸。ID 表示线管的内径，OD 表示线管的外径。最小弯曲半径是指弯曲线管时所允许的最小弯曲半径（软件中弯曲半径是指圆心到线管中心的距离）。

新建的尺寸"规格"和现有列表不允许重复。如果在绘图区域已绘制了某尺寸的线管，该尺寸将不能被删除，需要先删除项目中的管道，然后才能删除尺寸列表中的尺寸。

3. 电气构件放置

单击选项卡"常用"—"照明设备"—"应急壁灯"将壁灯放置在墙壁，如需载入开关，在"设备"下拉列表点击"照明"即可在类型选择器中选择所需开关，插座则在设备下拉列表的"电气装置"中载入。Revit 楼层平面和三维视图分别如图 1-61 和图 1-62 所示。

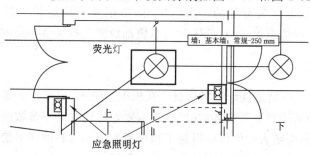

图 1-61　Revit 楼层平面照明设计

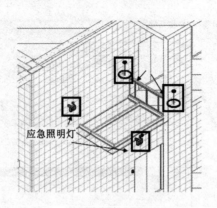

应急照明灯

图 1-62　Revit 楼层三维视图

4. 电气系统案例识读

以某机场 Revit 绘制图为案例,单击"电气专业"—"三维"—"电气三维视图",其三维视图如图 1-63 所示。

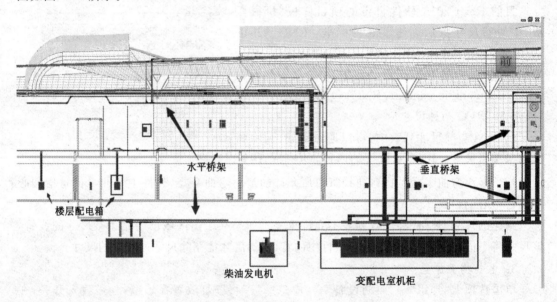

水平桥架

垂直桥架

楼层配电箱

柴油发电机

变配电室机柜

图 1-63　某机场 Revit 电气系统三维视图

该模型中的变配电室是可见的。高压柜、低压柜及变压器是可以直接看见的,如图 1-64 所示,这是该机场的电源系统,低压配电系统都设置在机场负一层的变配电室中。

八、工程量统计

应用 BIM 技术可以精准统计材料用量。在机电系统中,把每一个部件参数化、数字化,赋予需要的参数(当运用到非系统族的时候,还需要通过建立共享参数的方式统计)。然后,从所需要统计的材料明细表中就可以得到工程中所有应用材料的详细信息。当工程发生设计变更时,要及时更新模型,并更新变更部分的工程量。

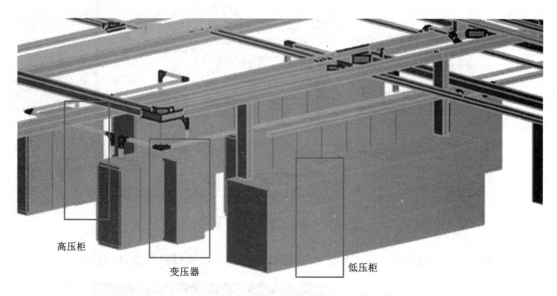

高压柜

变压器

低压柜

图 1-64　某机场 Revit 变配电室机柜图

1. 预算工程量

材料是成本的基础,如果材料成本不能把控,那么工程成本将处于失控状态。应用
BIM 技术在虚拟建造过程中,可以统计工程所有应用到的材料;结合国家相关预算定额,形
成工程预算额。

2. 明细表

打开 Revit 中"分析"—"报告和明细表"的基础命令,如图 1-65 所示。

点击打开"热负荷和冷负荷"对话框,进行冷热负荷的计算

点击打开选择嵌板对话框,可选择查看所需配电盘

点击打开"新建明细表"对话框,创建材料
统计明细表

图 1-65　Revit 报告明细表的基础命令

明细表导出基本步骤:选项栏"分
析"—"明细表/数量"—"新建明细表"对
话框,选择所需统计的构件类别,在名称
栏内修改名称,如图 1-66 所示。点击"确
定"进入"明细表属性"对话框。

"明细表属性"对话框中,"字段"选
项卡内可添加构件属性带有的所有可用
字段,选择所需的可用字段,点击"添加"
按钮添加到"明细表字段"即可统计该参
数,如图 1-67 所示。

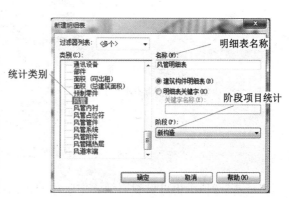

图 1-66　Revit 新建明细表

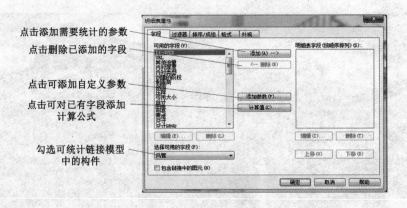

点击添加需要统计的参数
点击删除已添加的字段
点击可添加自定义参数
点击可对已有字段添加
计算公式
勾选可统计链接模型
中的构件

图 1-67　Revit 明细表属性"字段"

"过滤器"选项卡内可设置过滤条件，以便对特定属性的构件进行统计，如图 1-68 所示。

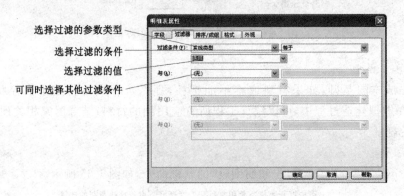

选择过滤的参数类型
选择过滤的条件
选择过滤的值
可同时选择其他过滤条件

图 1-68　Revit 明细表属性"过滤器"

"排序/成组"选项卡内可设置明细表的排序方式和统计数量的显示形式，如图 1-69 所示。

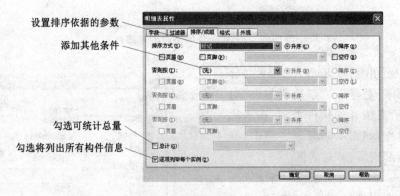

设置排序依据的参数
添加其他条件
勾选可统计总量
勾选将列出所有构件信息

图 1-69　Revit 明细表属性"排序/成组"

"格式"选项卡内可设置明细表中字段的格式，并能用"条件格式"控制部分字段的属性，如图 1-70 所示。

自定义标题
设置标题方向
设置标题对齐方向
点击打开条件
格式设置
勾选可在明细表
中隐藏

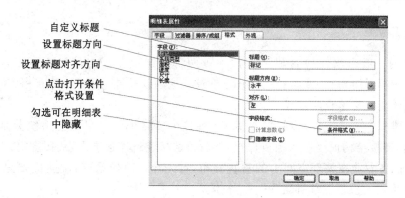

图 1-70 Revit 明细表属性"格式"

"外观"选项卡内可设置明细表中字体的格式和大小,并能修改明细表格的行距,如图 1-71 所示。

此处选择表格线型
此处设置字体大小
此处设置字体

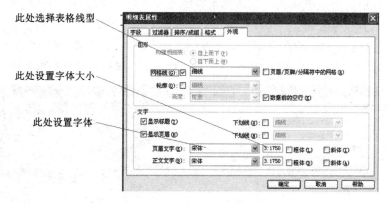

图 1-71 Revit 明细表属性"外观"

设置完毕后,点击"确定"按钮,满足条件的构件将自动被统计到明细表格中。如图 1-72 所示是风管统计材料明细表。

风管明细表			风道末端明细表	
族	尺寸	面积	族	类型
圆形风管			M_百叶风口 -铝合金	
圆形风管	300ø	8.421 m²	M_百叶风口 -铝合金	FK-14/320x250
圆形风管	320ø	1.688 m²	M_百叶风口 -铝合金	FK-14/400x320
圆形风管	400ø	27.262 m²	M_百叶风口 -铝合金	FK-14/630x630
圆形风管	600ø	41.432 m²	M_百叶风口 -铝合金	FK-14/1000x400
圆形风管	800ø	5.543 m²	M_百叶风口 -铝合金	PSK-SD/250x1800
圆形风管	1000ø	0.394 m²	M_百叶风口 -铝合金	PSK-SD/320x1400
合计		84.740 m²	M_百叶风口 -铝合金	PSK-SDW/630X1000
			M_百叶风口 -铝合金: 120	
矩形风管				
矩形风管	60x60	0.044 m²	M_百叶风口 -防雨	
矩形风管	80x80	0.175 m²	M_百叶风口 -防雨	防雨百叶风口 150x150
矩形风管	106x106	0.616 m²	M_百叶风口 -防雨	防雨百叶风口 400x200
矩形风管	106x446	0.238 m²	M_百叶风口 -防雨: 69	
矩形风管	120x200	2.132 m²		
矩形风管	125x125	10.823 m²	回风格栅 -矩形 -单层 -可调	
矩形风管	160x120	158.402 m²	回风格栅 -矩形 -单层 -可调	FK2/FK11 160x160
矩形风管	160x160	2.535 m²	回风格栅 -矩形 -单层 -可调	FK2/FK11 320x320
矩形风管	196x576	0.879 m²	回风格栅 -矩形 -单层 -可调	FK2/FK11 1100 X 1100
矩形风管	200x120	418.682 m²	回风格栅 -矩形 -单层 -可调	多叶排烟口 PSK-YSD1100 X
矩形风管	200x160	75.875 m²	回风格栅 -矩形 -单层 -可调	1100
矩形风管	200x200	20.987 m²	回风格栅 -矩形 -单层 -可调: 8	
矩形风管	200x300	0.036 m²		
矩形风管	200x320	9.133 m²	回风格栅 -矩形 -单层 -可调 -侧装	
矩形风管	240x240	0.132 m²	回风格栅 -矩形 -单层 -可调 -侧装	FK20B+FK11/630 X 320
矩形风管	240x250	0.104 m²	回风格栅 -矩形 -单层 -可调 -侧装	FK20B+FK11/800 X 320
矩形风管	250x120	8.245 m²	回风格栅 -矩形 -单层 -可调 -侧装	FK20B+FK11/1000 X 320
矩形风管	250x160	0.459 m²	回风格栅 -矩形 -单层 -可调 -侧装	FK20B+FK11/1600 X 320
矩形风管	250x200	0.280 m²	回风格栅 -矩形 -单层 -可调 -侧装: 55	

图 1-72 风管 Revit 导出明细表

九、碰撞检测

碰撞检测一般由软件检查和"人为"检查两部分组成。"人为"检查可以借助 Navisworks 软件进行漫游检查,或者利用 Fuzor 软件。这两款软件与 Revit 都有相应的结合。

1. Revit 软件碰撞检测流程

(1)新建一个项目样板,设置好过滤器,将整个项目中的各个专业系统分别添加过滤器。完毕后,链接结构模型进入项目样板,然后再链接建筑样板进入,链接绑定。

(2)按照各专业在整理空间上的垂直分布,首先导入暖通系统,碰撞检查完毕,将暖通与先前的结构建筑模型继续绑定为一个整体。

(3)一般工程上首先处理最先导入的专业,在满足国家规范要求的空间距离下,尽可能为电气、给排水专业管线腾出空间。首先解决它与结构、建筑模型之间的碰撞问题。(找出有效碰撞点,机器检查只是其中一部分,还需要以人的视角进入三维模型中做进一步检查。)

(4)用同样的方法把电气系统和给排水系统导入进行碰撞检查。

2. Revit 软件碰撞检测

Revit 中通过链接功能,将各个不同的专业信息组合到一起,形成总的 BIM 模型。以某幼儿园项目为例,具体检查操作步骤:"协作"—"碰撞检查"—"运行碰撞检查",如图 1-73 所示。

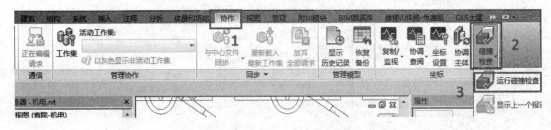

图 1-73　Revit 碰撞检测步骤

选择碰撞检查类别,点击"确定",生成冲突报告,如图 1-74 所示。

(a)

(b)

图 1-74　Revit 碰撞检查类别及冲突报告

导出"冲突报告"，如图 1-75 所示。找出交叉冲突的状况和结果，并在 Revit 中修改产生冲突的位置。

冲突报告项目文件：G:\BIM工程\幼儿园成果汇总\总模型-建筑结构为链接模型\YJGJ-YEY-优化-B版-01.rvt
创建时间：2019年5月25日 11:39:42
上次更新时间：

	A	B
1	管道：管道类型：消火栓管道 - 标记 10298：ID 719134	管道：管道类型：喷淋管道 - 标记 16519：ID 878740
2	管道：管道类型：消火栓管道 - 标记 10303：ID 719232	管道：管道类型：采暖供水管 - 标记 13728：ID 905104
3	管件：弯头_卡箍 - 标准 - 标记 884：ID 719235	管道：管道类型：采暖供水管 - 标记 13728：ID 905104
4	管道：管道类型：消火栓管道 - 标记 10304：ID 719240	管道：管道类型：采暖供水管 - 标记 13646：ID 904711
5	管道：管道类型：消火栓管道 - 标记 10306：ID 719312	管道：管道类型：采暖供水管 - 标记 13770：ID 905203
6	管道：管道类型：消火栓管道 - 标记 10306：ID 719312	管道：管道类型：采暖回水管 - 标记 13771：ID 905207
7	管道：管道类型：消火栓管道 - 标记 10339：ID 734407	管件：变径弯头 - 螺纹 - 可锻铸铁 - 150 磅级 - 标准 - 标记 1372：ID 845867
8	管件：变径三通_卡箍 - 标准 - 标记 915：ID 743103	管件：变径三通 - 螺纹 - 可锻铸铁 - 150 磅级 - 标准 - 标记 1053：ID 839961
9	管件：变径三通_卡箍 - 标准 - 标记 915：ID 743103	管道：管道类型：给水管 - 标记 11938：ID 839962
10	管道：管道类型：消火栓管道 - 标记 10449：ID 747643	管道：管道类型：给水管 - 标记 12363：ID 845838
11	管道：管道类型：消火栓管道 - 标记 10449：ID 747643	管件：四通 - 螺纹 - 可锻铸铁 - 150 磅级 - 标准 - 标记 1362：ID 845840
12	管道：管道类型：消火栓管道 - 标记 10449：ID 747643	管件：变径_热熔 - 标准 - 标记 1373：ID 845916
13	管道：管道类型：污水管 - 标记 10772：ID 802321	管道：管道类型：给水管 - 标记 12764：ID 850308
14	管道：管道类型：污水管 - 标记 10807：ID 802909	管道：管道类型：给水管 - 标记 12794：ID 850845
15	管道：管道类型：污水管 - 标记 10811：ID 802945	管道：管道类型：给水管 - 标记 12788：ID 850799
16	管道：管道类型：污水管 - 标记 10815：ID 802979	管道：管道类型：给水管 - 标记 12791：ID 850821
17	管道：管道类型：给水管 - 标记 10831：ID 803264	管道附件：试水装置：试水装置 - 标记 1155：ID 848640
18	管道：管道类型：给水管 - 标记 10833：ID 803298	管道附件：试水装置：试水装置 - 标记 1156：ID 848720
19	管道：管道类型：给水管 - 标记 10839：ID 803545	管道附件：试水装置：试水装置 - 标记 1158：ID 848736
20	管道：管道类型：给水管 - 标记 10842：ID 803642	管道附件：试水装置：试水装置 - 标记 1157：ID 848728

图 1-75　Revit 冲突检测报告

3. Navisworks 的碰撞检测

利用 Navisworks 进行碰撞检测。该软件对计算机配置要求不高，而且操作简单。但是 Navisworks 的碰撞结果无法自身更正，若修正管线位置，则须根据生成的碰撞检测报告，返回到 Revit 内。

具体操作步骤：

① 在 Revit 中，单击左上角菜单，选择"导出"—"NWC"文件（见图 1-76），进入 Navisworks 中进行碰撞检测。

② 在 Navisworks 中，导入由 Revit 导出的 NWC 文件，单击"添加检测"—"运行检测"，其中可多对多测试、一对多测试、多对一测试，如图 1-77 所示。

③ 根据碰撞项目，找到碰撞点位及碰撞未解决点数，如图 1-78 所示。

④ 将最后运行的碰撞生成检测报告，并导出表格，如图 1-79 所示。

⑤ 找到碰撞点在三维视图中的位置，返回 Revit 进行修改，如图 1-80 所示。

在 Revit 中，修改高亮碰撞区域的碰撞点，修改完成后"保存"，如图 1-81 所示。

图 1-76　Revit 导出到 NWC 文件

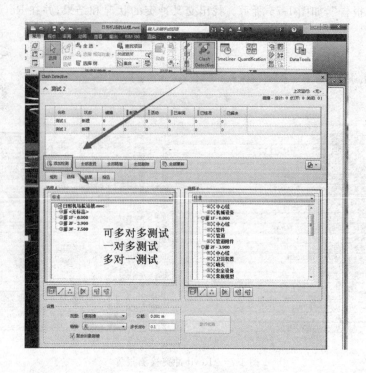

图 1-77 Navisworks 进行碰撞检测

图 1-78 Navisworks 碰撞点位

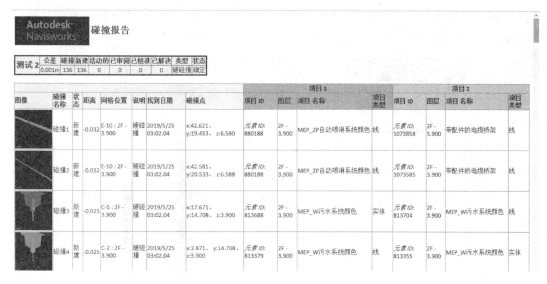

图像	碰撞名称	状态	距离	网格位置	说明	找到日期	碰撞点	项目1				项目2			
								项目 ID	图层	项目名称	项目类型	项目 ID	图层	项目名称	项目类型
	碰撞1	新建	-0.032	E-10 : 2F - 3.900	硬碰撞	2019/5/25 03:02.04	x:42.621、 y:19.453、z:6.580	元素ID: 880188	2F - 3.900	MEP_ZP自动喷淋系统颜色	线	元素ID: 1073858	2F - 3.900	带配件的电缆桥架	线
	碰撞2	新建	-0.032	E-10 : 2F - 3.900	硬碰撞	2019/5/25 03:02.04	x:42.581、 y:20.533、z:6.588	元素ID: 880188	2F - 3.900	MEP_ZP自动喷淋系统颜色	线	元素ID: 1073585	2F - 3.900	带配件的电缆桥架	线
	碰撞3	新建	-0.025	C-5 : 2F - 3.900	硬碰撞	2019/5/25 03:02.04	x:17.671、 y:14.708、z:3.900	元素ID: 813688	2F - 3.900	MEP_W污水系统颜色	实体	元素ID: 813704	2F - 3.900	MEP_W污水系统颜色	线
	碰撞4	新建	-0.025	C-2 : 2F - 3.900	硬碰撞	2019/5/25 03:02.04	x:2.871、 y:14.708、z:3.900	元素ID: 813379	2F - 3.900	MEP_W污水系统颜色	线	元素ID: 813355	2F - 3.900	MEP_W污水系统颜色	实体

图 1-79　Navisworks 生成最终碰撞检测报告

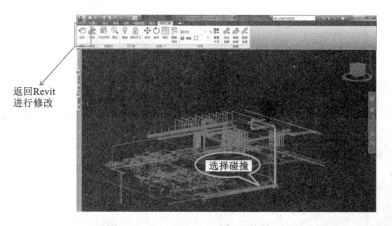

图 1-80　Navisworks 进行碰撞检测

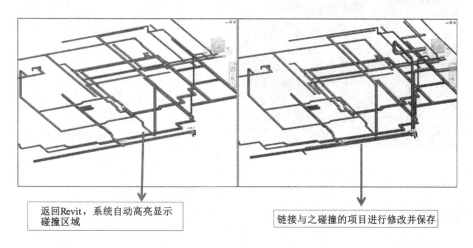

图 1-81　返回 Revit 进行修改

待修改完碰撞点后,再次进行碰撞检测前,在 Navisworks 中单击"刷新",系统自动链接修改后的三维模型,然后"选择"—"运行检测",如图 1-82 所示。

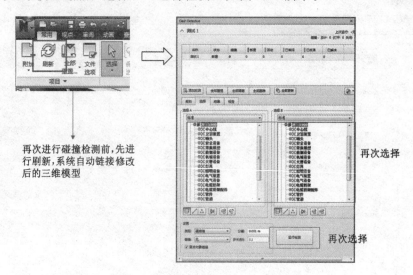

再次进行碰撞检测前,先进行刷新,系统自动链接修改后的三维模型

再次选择

再次选择

图 1-82　Navisworks 再次进行碰撞检测

寻找已解决三维视图中的碰撞点位置,如图 1-83 所示。

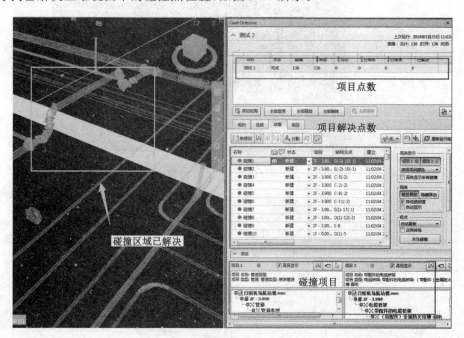

图 1-83　Revit 已经解决的碰撞点

十、协同工作

1. 协同方式的确定

工作集方式:所有专业都要在一个模型里进行建模,这样一来模型会变得非常大,对硬

件的配置要求也会相应提高,从而导致模型的风险管理度提高。

链接方式:把土建模型作为一个底图插入电气模型中,若要对模型进行更新,链接方式下通过重新载入专业图纸也同步更新,即可达到协同。

下面介绍以链接方式进行协同的具体步骤:

① 在"项目浏览器"中选择"电气",并双击进行选择"三维视图:{3D}",如图 1-84 所示。

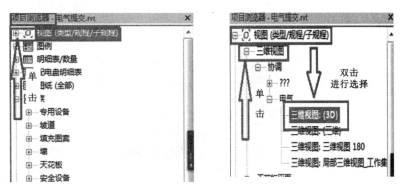

图 1-84　Revit 项目浏览器"电气三维视图"

② 选择"插入"选项卡,单击"链接 Revit"命令,出现链接对话框,在链接对话框中找到所需链接文件,单击文件进行导入,如图 1-85 所示。

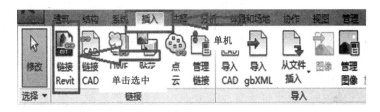

图 1-85　Revit"链接 Revit"

③ "定位"选项要选择"自动原点到原点",与土建模型的基点保持一致,如图 1-86 所

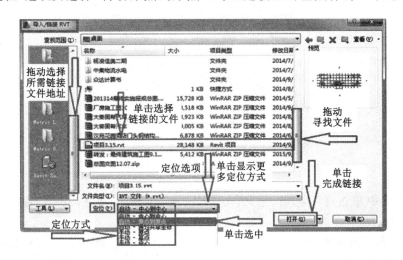

图 1-86　Revit 链接文件

示。如果在导入时,弹出"无法载入"提示,说明用户同时打开了另外一个文件。当链接文件和主体文件在同一个 Revit 软件中打开的时候,是无法进行链接的。

④ "定位"选项选择"自动—原点到原点"进行载入可以看到整体三维模型,并且在电气模型中不能够操作模型底图,如图 1-87 所示。

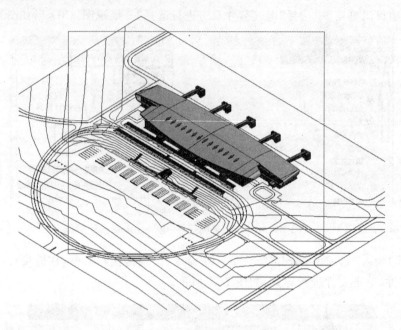

图 1-87　Revit 导入效果图

2. 复制轴网和标高

机电系统进行建模时,需要将所有建筑专业中的标高都复制下来,建立对应的视图。操作步骤如下:

① 单击"协作"选项卡,选择(单击)"复制/监视"工具,弹出"使用当前项目"和"选择链接"命令,单击"选择链接"命令,如图 1-88 所示。

图 1-88　单击"选择链接"命令

② 在面板中单击任一标高,出现"复制/监视"内容框,单击"复制"命令,如图 1-89 所示。

③ 然后,第一步单击选中选择"多个"选项,第二步长按左键拖动选中图中所有要选择的标高,第三步单击完成操作"完成"复制监视命令,如图 1-90 所示。

图 1-89 单击"复制"命令

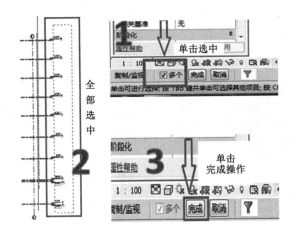

图 1-90 完成复制监视命令

进入预先浏览模式,可以看见复制完成的标高族显示情况,其图示和原来有所差异,见图 1-91。原来下三角形状复制完成的标高是可以选上的,而原来的标高整体不可操作。

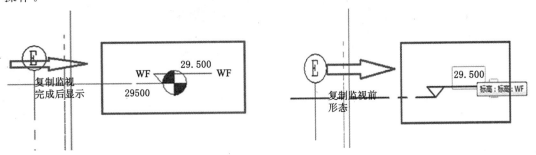

图 1-91 Revit"复制监视"前后的对比图

此时,也可以将标高族改成常用的下三角形状,单击要更改的复制标高,会出现标高属性框;单击"标高"框出现"标高样式",选择"上标头"(见图 1-92),一个标高修改完成(见图 1-93)。其余标高用相同方法进行修改。点击"完成"最终完成复制,如图 1-94 所示。

复制好标高后,再将轴网也复制下来,这是用链接方式进行协同的基础工作。建筑与结构两专业可通过工作集协同工作,因为模板一致。但是机电与建筑/结构一般不通过工作集协同,而是通过链接 Revit 中心文件进行协同工作,因为它们模板不一致,刷新时通过重新载入 Revit 文件即可。机电内部的水电暖三专业可以通过工作集协同,因为模板一致。

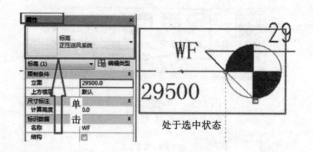

图 1-92　单击"标高"属性框

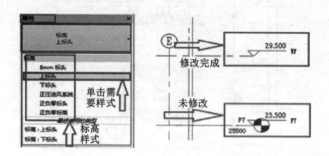

图 1-93　将标高改成常用的下三角形状

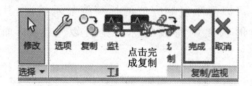

图 1-94　点击"完成",最终完成复制

第二章　典型工程 BIM 模型与管线综合布置技术

第一节　典型工程 BIM 模型介绍

一、工程简介

本项目为某机场航站楼,建设单位为某机场建设投资有限公司,建设地点位于某市东北部,机场规模按照 2025 年国内年旅客吞吐量 90 万人次、国际满足日韩等周边国家包机直飞的需求,高峰小时按 450 人次确定。项目工程建设面积为 16.3 ha,地下 1 层,地上 2 层外加钢屋盖。总面积 23 653.41 m^2,其中地上面积 21 563.54 m^2,地下面积 2 089.87 m^2。机场整体效果图见图 2-1。

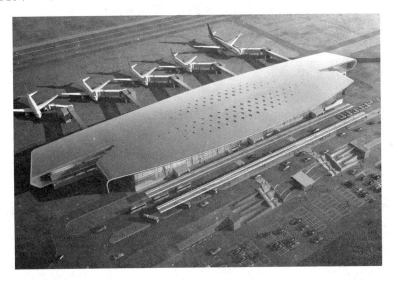

图 2-1　某机场整体效果展示

本项目主体全部采用钢结构桁架形式,空调采用组合式空调器全空气系统,大厅送风均采用可调式球形喷口,消防使用湿式喷淋系统,为一级负荷用电单位,并设置柴油发电机。具体机房设置:地下层设置 10/0.4 kV 变电室、柴油发电机房、水泵房、空调机房;一层设置电信接入间、消防控制中心、空调机房、新风机房;二层设置联合机房;二层屋顶设置消防水箱。建筑物内设置消火栓与自动喷淋系统,排烟及补风、正压送风系统,集中空调系统。局部地暖系统安装于出口和入口处大厅,气体灭火系统设置在变电所、电信室、控制室等场所。航站楼的整体 BIM 模型介绍如下。

1. 设计灵感

航站楼造型寓意为"贝之壳"，以"简练而不失精致，朴实而凸显特点"的理念，力图展现出某海滨城市的特色。平屋面造型隐喻贝壳，主楼与指廊的屋面造型一体化设计，形象鲜明，突出简洁完整的现代化机场特点，见图2-2。

图 2-2　BIM 模型造型设计灵感图

2. 屋面设计

航站楼的屋面设计，屋顶造型为双曲面，从直线到弧线段自然过渡，左右两侧采用弯折和垂地的处理方案，使得线条造型更加流畅和富有动感，见图2-3。

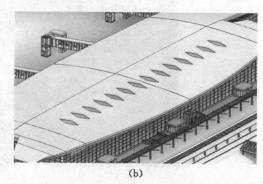

(a)　　　　　　　　　　　　　　　　(b)

图 2-3　BIM 模型的屋面设计图

将天窗在曲面屋面上根据结构逻辑进行菱形划分，屋面闪闪发亮的天窗远看仿佛波光粼粼的大海，地域风情在此表露无遗。

3. 建筑空间划分

一层设置3个主入口，航站楼大厅共设有6个办票柜台，安检区与前列式柜台平行，同时在靠空侧处设置有5个行李分拣区域（见图2-4）；二层主要为商业区和候机区，头等舱旅客休息室设于商业区的一侧，候机区有充足舒适的座椅供旅客休息（见图2-5）。

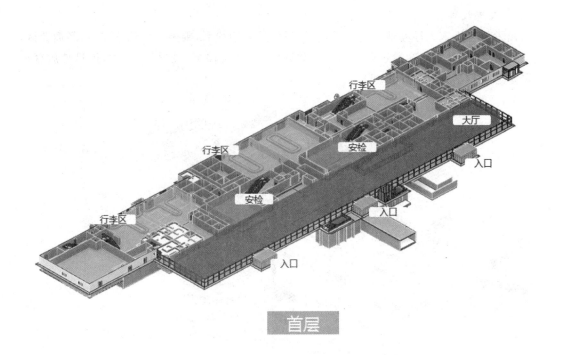

图 2-4 机场一层的 BIM 模型空间划分

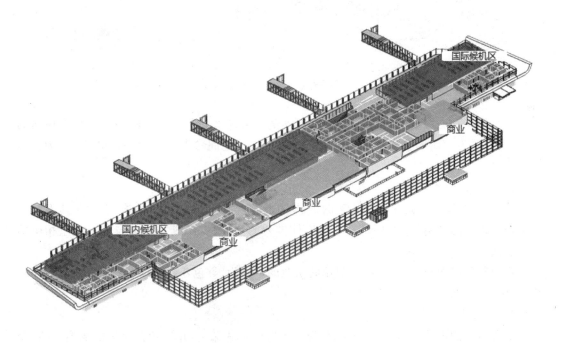

图 2-5 机场二层的 BIM 模型空间划分

4. 人流线路

出发旅客进入大厅办理值机手续,一层过安检或边检后,乘坐扶梯到达二层,经商业区,到达候机区域;到达旅客通过廊桥到达公共通廊,乘坐扶梯至一层行李大厅,远机位旅客由接驳车送至行李大厅(见图2-6)。

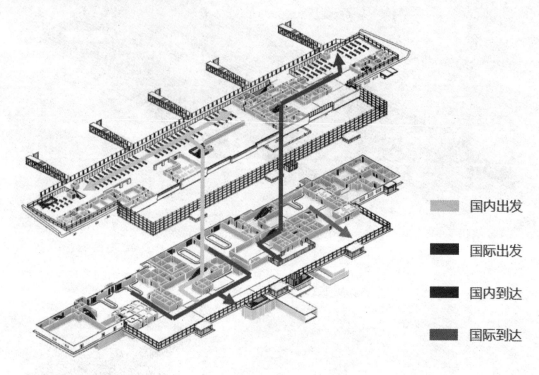

国内出发

国际出发

国内到达

国际到达

图 2-6　BIM 模型的人流线路图

三维模拟动态展示机场航站楼出发、到达的旅客路线,对比并确立人流线路、室内格局的优化方案,为后期导航及安保管理系统提供了虚拟空间参考。如图2-7和图2-8为模拟线路图。

5. 室内设计

吊顶方案:室内暴露主体钢桁架的下悬,在檩桁架之间内嵌金属吊顶,以达到造型效果与结构合理性的平衡(见图2-9)。结构构件排列的韵律感,形成了技术与艺术相生相融的完美表达。

室内整体以淡灰色为基调,局部用暖灰色的木饰面、红色花岗岩以及灰色彩釉玻璃作点缀(见图2-10)。

6. 室内局部模型

随着设计的推移,模型从 LOD200 到 LOD300 不断深化,并伴随着成果的输出,深化至 LOD350 深度,将设计延伸至施工指导阶段,如图 2-11 所示为航站楼大厅的局部模型图。

创建航站楼全区域精装模型,可视化呈现具有浓郁地方特色的装修风格,为方案审定、路线导航及后期运维管理系统提供精准的基础资料,如图 2-12 候机大厅和图 2-13 卫生间模型图。

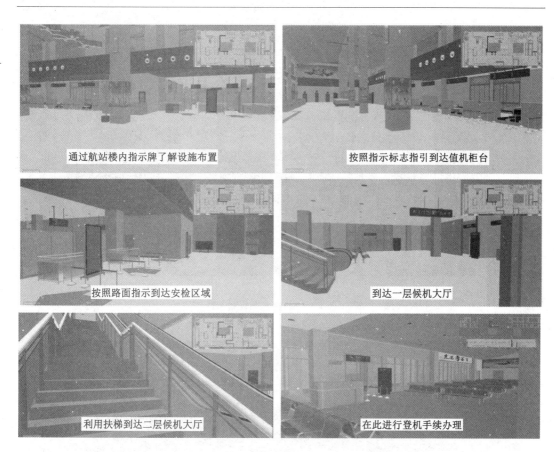

图 2-7　出发旅客模拟线路图

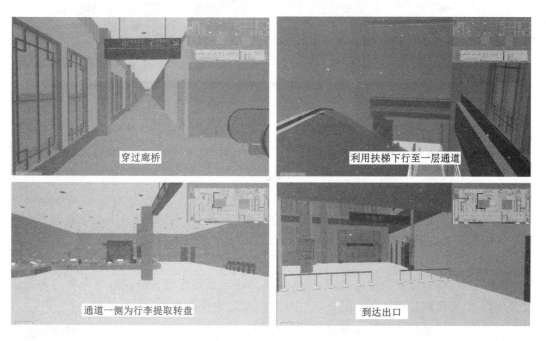

图 2-8　到达旅客模拟路线图

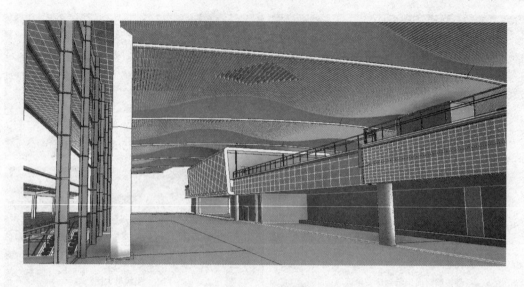

图 2-9　吊顶方案设计

图 2-10　室内色彩图

7. 行李托运及提取模拟流程

行李托运:托运行李电子标签→依据标签信息对行李进行分类→行李经由通道传送至行李房→利用行李牵引车输送至各航班,如图 2-14 所示。

行李提取:到达旅客的行李由行李牵引车运送至行李房→行李经行李提取履带传送→行李信息显示于指示器,如图 2-15 所示。

8. 标识设计排版

通过建筑空间、旅客流程的合理设计,实现良好建筑定位感、方向感,清晰表达各类信息,帮助人们准确地寻找方向。图 2-16～图 2-18 所示为室内几种标识设计。

标牌设计保持前后连贯,元素组合遵循标准化的图文组织原则,设计与建筑空间、室内环境等元素相互协调,成为和谐统一的整体,如图 2-19 所示。

图 2-11　航站楼大厅局部模型图

图 2-12　候机大厅模型图

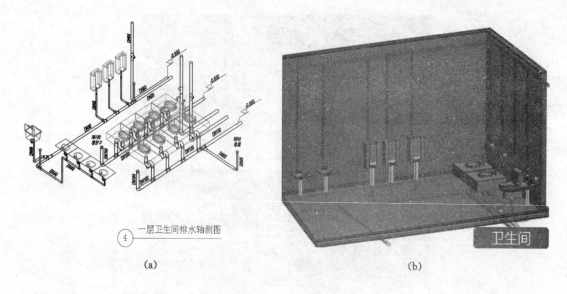

(a)   (b)

图 2-13　卫生间模型图

图 2-14　行李托运动画截图

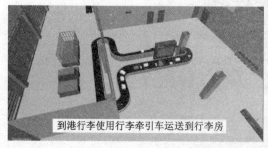

图 2-15　行李提取动画截图

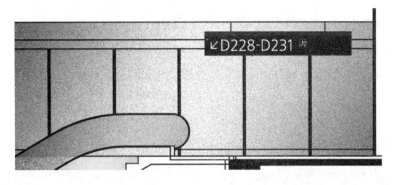

图 2-16　导向性标识

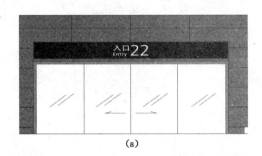

(a)

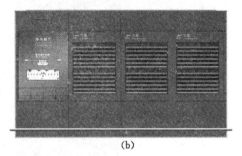

(b)

图 2-17　目的地标识

图 2-18　标牌设计图

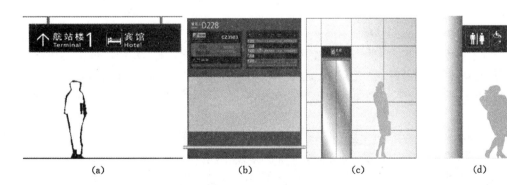

(a)　　　　　　(b)　　　　　　(c)　　　　　　(d)

图 2-19　几种标牌设计形式

二、管线优化局部 BIM 模型

由于机场航站楼结构形式复杂,所以机电专业设备的管线布置比较麻烦,三维 BIM 模型的搭建是对整个设计的"预装置",在此过程中能够发现并解决隐藏在设计中的管线标高重叠、冲突碰撞、布置不合理等问题。如图 2-20 所示为利用 BIM 技术管线综合的优化布置。

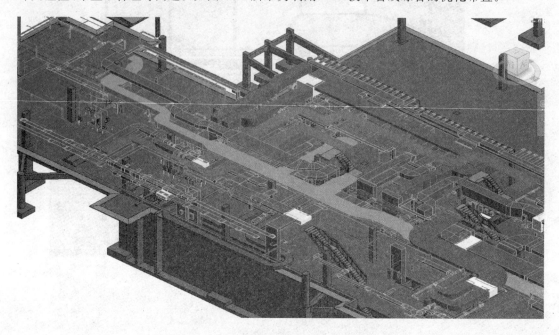

图 2-20 BIM 局部模型管线综合的优化布置

三、工程难点

(1) 工程量大,安装难度高

机场作为城市的门户,比一般公共建筑更注重屋面和外形的设计,对整体效果和空间设计要求较高,因此结构形式复杂。机电系统在满足使用功能的基础上,还要注重美观性,大大增加了设计和施工的难度。该工程安装面积大,工期紧张,需要保证施工质量,避免返工和变更。

(2) 管线系统复杂,变更频繁

本工程包含系统较多,各类管线数量繁多,大空间空调、通风、排烟系统的风管尺寸非常大,同时其他专业设备管线层叠交叉,保证净高困难。二维图纸审核存在较大困难,且设计变更频繁,施工图版本较多。要保证施工质量和进度,必须借助三维 BIM 模型,对管线的布置进行优化。

第二节 工程应用目标

通过典型工程案例介绍 BIM 模型和施工图的识读要点,重点介绍管线综合布置技术,利用 BIM 优势解决机电安装工程中各专业管线安装标高重叠、位置冲突碰撞等问题。制定了如下应用目标：

（1）熟悉综合管线的布置

掌握管道内的传输介质及特点，弄清管道的材质、直径或截面大小，强电线缆与线槽（架、管）的规格、型号，弱电系统的敷设要求，厘清各楼层净高、管线安装敷设的位置和有吊顶时能够使用的宽度及高度、管道井的平面位置及尺寸等。

（2）综合管线的"预装配"

进行施工工艺和进度模拟，优化施工组织，各专业按施工工序和管线综合布置技术要求，运用 BIM 可视化技术在未施工前先根据所要施工的图纸进行图纸"预装配"。通过"预装配"的过程就把各个专业未来施工中的交汇问题暴露出来，提前解决这些问题。

（3）综合支吊架的应用

在实现机电工程总包的前提下，应用管线综合布置技术，才能做到合理选用综合支吊架；依据 BIM 模型统筹安排各个专业的施工，不同专业的管线使用一个综合支架，减少支架的使用。这既合理利用了建筑物空间，同时降低了施工成本。

第三节　管线综合布置技术识读

传统的管线综合设计是以二维图纸为基础，在 CAD 软件下进行各系统叠加。设计人员凭借自己的设计和施工经验在平面图中对管线进行排布与调整，并以传统平、立、剖面形式加以表达，最终形成管线综合设计。

一、管线综合概述

管道工程按照用途不同可分为工业管道和暖卫管道，前者为输送生产介质的管道；后者为输送改善人们生活的劳动卫生条件介质的管道。

在本建筑工程项目中，主要是以给排水管道、暖卫管道为主，按照专业不同可分为建筑给排水管道、暖通管道、通风空调管道等，按照输送介质不同又有液体管道（给排水、暖通）和气体管道（燃气管道、通风空调管道）之分。

1. 识读综合管线图时的注意事项

（1）管道工程图中的设备、管道、部件均采用国家统一图例符号加以表示。

（2）管道施工图与建筑模型图密不可分。

（3）管道系统有始有末，总有一定的来龙去脉。识图时可沿（逆）管道内介质流动方向，按先干管后支管的顺序进行识图。

（4）在水暖工程图中，应将楼层平面和三维视图对照阅读。

2. 识读模型绘制过程

打开 Revit 软件后，将"某机场航站楼.rvt"文件导入，其整个工作界面的分区如图 2-21所示。

在 BIM 综合管线建模中，需要绘制的风管、水管及电缆桥架路由所用的功能栏，如图2-22 所示。其中，族库中的族不全的话，需要重新载入族库。这里列举了当前综合管线绘制时，Revit 菜单栏上的功能，所有的 Revit 命令均能在这里找到。

选项栏默认位于功能区下方，用于当前正在执行操作的细节设置。选项栏的内容比较

图 2-21　Revit 工作界面分区

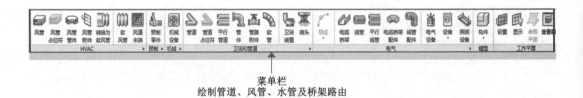

图 2-22　综合管线绘制所需功能栏

类似于 AutoCAD 的命令提示行,其内容因当前所执行的工具或所选图元的不同而不同,如图 2-23 所示。

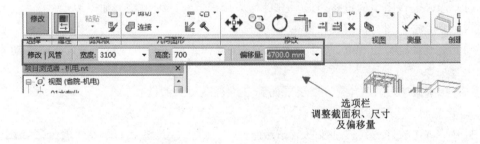

图 2-23　综合管线绘制所需选项栏

　　"属性"面板可以查看和修改用来定义 Revit 中图元实例属性的参数,如图 2-24 所示。通过类型属性可查看设备的族、类型、参数以及预览模型图,如图 2-25 所示。

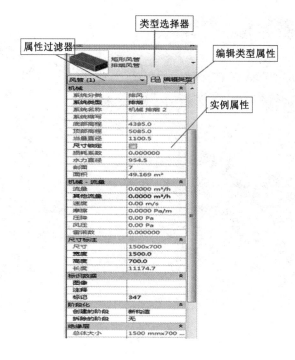

图 2-24　风管绘制的属性栏

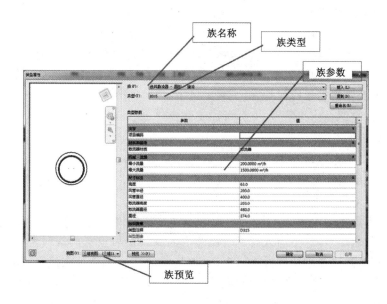

图 2-25　空调管道的类型属性

二、管线综合布置原则

在某机场航站楼工程综合管线中,通过优化能够提高建筑空间合理利用率,并且全面解决设计过程中不可见的错、漏、碰、撞问题,找出管线复杂节点区域。对机场航站楼工程机电系统中进行综合管线排布优化设计,其某一楼层综合管线的三维视图,如图 2-26 所示。

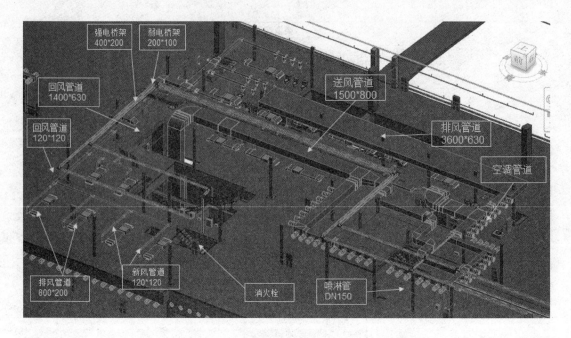

图 2-26　管线综合排布优化设计

综合管线的绘制总原则：

① 管线避让原则：有压力让无压、小管让大管、简单让复杂、冷凝水让热水、附件少的管线让附件多的管线、分支让主管、非保温让保温、低压让高压、气管让水管、金属管让非金属管、给水让排水、检修难度小的管线让检修难度大的管线、常态让易燃易爆。

② 管线纵向排布原则：气体上液体下、保温上不保温下、高压上低压下、金属管道上非金属管道下、不常检修上常检修下、电上水中风下。

管线井道处应结合建筑特点，充分考虑安装检修、阀门操作等空间且不影响建筑功能。

1. 给排水专业

目前，建筑给排水包括建筑内部给排水、消防给水和水处理等几个部分。其中建筑内部给水排水是最为重要和基础的部分。机场内给水系统的水源来自室外给水管网，而污水废水则通过污水管道排入外部排水系统。

机场内给水系统的组成为：引入管，指机场外给水管网与内部给水管道之间的联络管段，也称进户管；水表节点，指引入管上装设的水表及其前后设置的阀门、泄水装置的总成，阀门用于关闭管网，以便维修和拆换水表，泄水装置的作用主要是在检修时放空管网，检测水表精度；管道系统，是指机场内部给水水平干管或垂直干管、立管、支管等组成的系统。

给水管道主要采用钢管和铸铁管。生活给水管管径≤150 mm 时，应采用热浸镀锌工艺生产的镀锌钢管；管径≥150 mm 时，可采用给水铸铁管；埋地管管径≥75 mm 时，宜采用给水铸铁管。生活、消防共用给水系统应采用镀锌钢管。如图 2-27 所示为水专业的综合模型图，图 2-28 所示为消火栓族的类型属性。

给排水专业的绘制原则：

(1) 管线要尽量少设置弯头。

(2) 给水管线在上，排水管线在下；保温管道在上，不保温管道在下；小口径管路应尽量

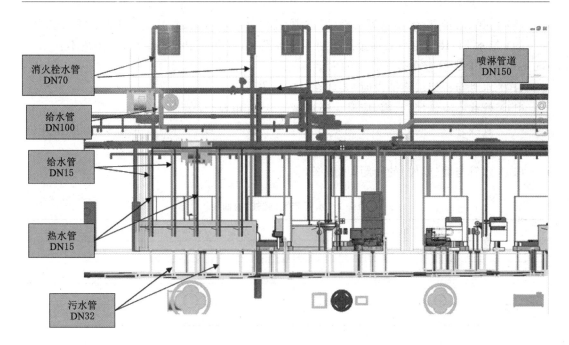

图 2-27 水专业的综合模型图

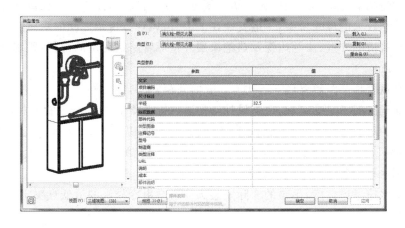

图 2-28 消火栓的类型属性

支撑在大口径管路上方或吊挂在大管路下面。

(3) 冷热水管(垂直)净距 15 cm,且水平高度一致,偏差不得超过 5 mm。

(4) 除设计提升泵外,带坡度的无压水管绝对不能上翻。

(5) 给水引入管与排水排出管的水平净距离不得小于 1 m。室内给水与排水管道平行敷设时,两管之间的最小净间距不得小于 0.5 m;交叉铺设时,垂直净距不得小于 0.15 m。给水管应铺设在排水管上面,若给水管必须铺设在排水管的下方时,给水管应加套管,其长度不得小于排水管径的 3 倍。

(6) 喷淋管尽量选在下方安装,与吊顶间距保持至少 100 mm。

(7) 各专业水管尽量平行敷设,最多出现两层上下敷设。

（8）污排、雨排、废水排水等自然（即重力）排水管线不应上翻，其他管线避让重力管线。

（9）给水 PP-R 管道与其他金属管道平行敷设时，应有一定保护距离，净距离不宜小于 100 mm，且 PP-R 管宜在金属管道的内侧。

（10）水管与桥架层叠铺设时，要放在桥架下方。

（11）管线不应该挡门、窗，应避免通过电机盘、配电盘、仪表盘上方。

（12）管线外壁之间的最小距离不宜小于 100 mm，管线阀门不宜并列安装，应错开位置，若需并列安装，净距不宜小于 200 mm。

（13）水管与墙（或柱）的间距，见表 2-1。

表 2-1　水管与墙（或柱）的间距

管径范围/mm	与墙面的净距/mm
$D \leqslant 32$	$\geqslant 25$
$32 \leqslant D \leqslant 50$	$\geqslant 35$
$75 \leqslant D \leqslant 100$	$\geqslant 50$
$125 \leqslant D \leqslant 150$	$\geqslant 60$

2. 暖通专业

（1）一般情况下，保证无压管（通常指冷凝管）的重力坡度，无压管放在最下方。

（2）风管和较大的母线桥架，一般安装在最上方；风管与桥架之间的距离 $\geqslant 100$ mm。

（3）对于管道的外壁、法兰边缘及热绝缘层外壁等管路最突出的部位，距墙壁或柱边的净距应 $\geqslant 100$ mm。

（4）通常风管顶部距离梁底 50～100 mm 的间距。

（5）如遇到空间不足的管廊，可与设计师沟通，断面尺寸改扁，便于提高标高。

（6）暖通的风管较多时，一般情况下，排烟管应高于其他风管，大风管应高于小风管。两个风管如果只是在局部交叉，可以安装在同一标高，交叉的位置小风管绕大风管。

（7）空调水平干管应高于风机盘管。

（8）冷凝水应考虑坡度，吊顶的实际安装高度通常由冷凝水的最低点决定。

3. 电气专业

（1）电缆线槽、桥架宜高出地面 2.2 m 以上；线槽和桥架顶部距顶棚或其他障碍物不宜小于 0.3 m。

（2）电缆桥架应敷设在易燃易爆气体管和热力管道的下方，当设计无要求时，与管道的最小净距，应符合表 2-2 的要求。

表 2-2　电缆桥架与管道的最小净距

管道类别		平行净距/m	交叉净距/m
一般工艺管道		0.4	0.3
易燃易爆气体管道		0.5	0.5
热力管道	有保温层	0.5	0.3
	无保温层	1.0	0.5

（3）在吊顶内设置时，槽盖开启面应保持 80 mm 的垂直净空（即顶部与梁至少应保证 80 mm 间距），与其他专业之间的距离最好保持在≥100 mm。

（4）电缆桥架与用电设备交越时，其间的净距不小于 0.5 m。

（5）两组电缆桥架在同一高度平行敷设时，其间净距不小于 0.6 m，桥架距墙壁或柱边净距≥100 mm。

（6）电缆桥架内侧的弯曲半径不应小于 0.3 m。

（7）电缆桥架多层布置时，控制电缆间不小于 0.2 m，电力电缆间不小于 0.3 m，弱电电缆与电力电缆间不小于 0.5 m，如有屏蔽盖可减少到 0.3 m，桥架上部距顶棚或其他障碍不小于 0.3 m。

（8）电缆桥架不宜敷设在腐蚀性气体管道和热力管道的上方及腐蚀性液体管道的下方。

（9）通信桥架距离其他桥架水平间距至少 300 mm，垂直距离至少 300 mm，防止其他桥架磁场干扰。

（10）桥架上下翻时要放缓坡，桥架与其他管道平行间距≥100 mm。

（11）桥架不宜穿楼梯间、空调机房、管井、风井等，遇到后尽量绕行。

（12）强电桥架要在靠近配电间的位置安装，如果强电桥架与弱电桥架上下安装时，优先考虑强电桥架放在上方。

三、管线综合布置分析

1. 管道优化

在施工前，采用 BIM 技术，针对结构模型进行实地测量后，将机电各个专业和结构整合在统一的平台上，进行综合管线的碰撞检查，对风管、水管与桥架碰撞结果进行优化设计，前后的对比效果如图 2-29 和图 2-30 所示。

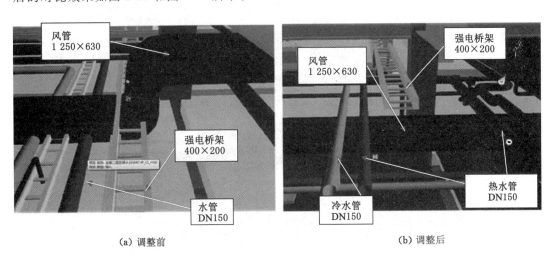

（a）调整前   （b）调整后

图 2-29　风管、水管与桥架碰撞优化前后对比图

在图 2-29（a）中，通过管线的优化避让原则，电气电缆桥架应置于上面，水管次之，最大的风管应放置于最下方，由于风管比较大，故应减少拐弯，经过调整后得到优化的管线如图 2-29（b）所示。

(a) 优化前　　　　　　　　　　　　　　　(b) 优化后

图 2-30　冷水管与热水管碰撞优化前后对比图

在图 2-30(a)中,冷水管与热水管碰撞,遵循冷水管让热水管的原则,将冷凝水管向下翻转避开其碰撞管道,调整后的效果如图 2-30(b)所示。

2. 电气管线优化

在深化设计阶段,建模人员根据经验和业主方要求,在容易发生冲突的重点部位布设与实际采购设备尺寸规格和类型相似的模型,其中选择强电桥架大小为 400 mm×200 mm,弱电桥架大小为 200 mm×100 mm,进行电气装置管线布置。同种桥架之间间距控制在 50～100 mm,排布上下层桥架之间净间距保持在 250～300 mm 以上。管线排布还应考虑在机房及走廊有限空间内进行安装、检修空间的预留。图 2-31 为负一层某一处走廊的管线原状。

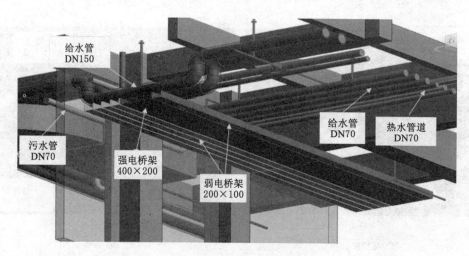

图 2-31　负一层某一处走廊的初始管线布置

按原图纸建模后发现桥架位于给水管下方,且给水管为了躲避上方喷淋支管,在很短的距离内两次煨弯,不利于给水系统正常运行。根据规定,电缆桥架不宜敷设在液体管道的下方,不满足时应采取防护措施,故对管线进行修改和调整,变更桥架安装位置,具体操作为:

将电缆桥架上翻,利用 Revit 中"拆分图元"的方法,打断桥架拉伸,然后将拆分后的部分上翻 300 mm,最后进行连接,将电缆桥架、线槽高位安装,移至水管上面,水管相应减少一个弯头,同时将桥架在保证安全间距前提下,与消防水管平行布置,通风管道中低位安装,如图 2-32 所示。

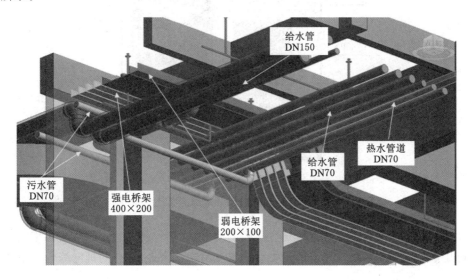

图 2-32　负一层某一处走廊的优化管线布置

3. 走廊净高分析

航站楼走廊内管线较多,且局部自动步道存在降板,不同区域吊顶设计高度不同,在管线排布时需考虑安装空间和净高要求。设计中通过改变风管、桥架尺寸或合理的移动管线位置来消除冲突,满足空间需求。

地下层走廊部位,由于大尺寸风管和主干管的排布,使得走廊净空不尽如人意。通过管线调整,将净高调高,使空间更加舒适。例如负一层某处走廊,根据原图纸表意建模后,发现此处净高只有 2.35 m,且一处桥架位于水管下方,不符合设计规范。按照"小管让大管,有压让无压"的原则,从全局出发,结合民用建筑设计规范深化原方案。根据规定,电缆桥架不宜敷设在腐蚀性气体管道及热力管道的上方及(腐蚀性)液体管道的下方,设备装置净距要求平行间距 0.4~0.5 m,交叉间距 0.4~0.5 m 不等,不能满足时采取防腐隔热措施。我们将消防水管、给水排水管路集中在走廊一侧,大尺寸的新风/排风(消防)风管居中布置,强电、电气消防、弱电桥架置于走廊另一侧,并与空调等水管交错排布。经过合理布局,走廊净高由原来的 2.35 m 增加到 2.50 m,抬高 15 cm,同时将桥架与主水管平行布置,保证安全间距,优化的结果既满足规范要求,又将更多的空间让给用户,见图 2-33。

四、综合支吊架应用

在机场项目机电深化的后期,管道支架的制造在管道安装中起着重要作用,这与管道的承重流动方向和外观直接相关。考虑综合支吊架的设计,在 BIM 机电模型中建立支吊架,并且依据各个专业的施工,不同专业的管线使用一个综合支架,减少支架的使用。目前,支吊架的建模主要基于鸿业软件完成,在鸿业机电深化中,有比较完整的支吊架造型。选择所

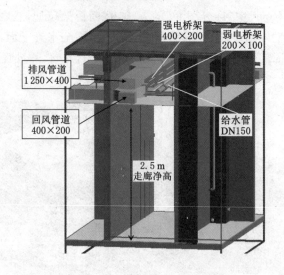

图 2-33　优化后的 BIM 走廊剖面模型

需的支吊架类型后,可通过参数修改建立所需的型号,操作方便快捷。根据支吊架放置的基本原则和实际施工要求,应选择合适的类型放置支吊架。鸿业 BIM 的机电综合支吊架如图 2-34 和图 2-35 所示。

图 2-34　鸿业 BIM 机电综合支吊架建模界面

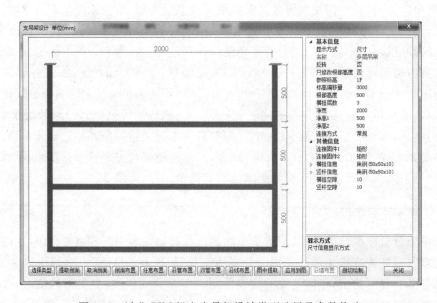

图 2-35　鸿业 BIM 机电支吊架设计类型选择及参数修改

　　针对本工程管线复杂繁多、相互交错比较多的特点,综合支吊架技术有良好的实用效果。空调机房的管线设备需要支吊架,吊装风机采用减震支吊架。工程中负一层是管道密集区,该区域管道比较多且管道走向基本一致,经布置管道综合支架,与其他管线普通支吊架方案相比,节约了材料用量,管道布局更加规整,如图 2-36 所示。

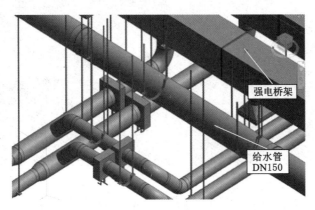

图 2-36　综合支吊架设计

　　按照机场航站楼的管道和桥架路由方向设计综合支吊架。设计中有以下几种方式:
　　(1)多管门形吊架
　　"多管门式吊架"用于机场航站楼公共区域和机房的各种水管道等,具有整齐、可调的特点,按统一标准布局支架,相比于普通支架具有更大的优势。
　　(2)风、水管共用支吊架
　　机场航站楼的机房区域有密集的管道,选用"风、水管共用支吊架"的方案是因为走廊的空间要求,一般应保证走廊高度在 2.4～2.6 m 范围内。在管道安装之前,根据综合管道的布置情况,确定相互的标高关系,并选择吊架距离和直径,进行吊杆的安装。吊架支撑的槽钢高度可现场进行调整和优化,凭借其较快的安装速度,体现综合吊架系统的优势。
　　(3)多层风管和桥架路由共用吊架
　　风管与桥架路由是机场航站楼管线中的重要组成部分,根据综合管道安装规范,为方便检修,桥架通常布置于相对于其他管线的上部位置,防止系统电磁干扰,且支吊架应根据载荷相应加厚。

五、管线综合的可视化技术交底

　　管线综合布置技术是在未施工前根据施工图纸进行图纸"预装配",通过"预装配"的过程,把各个专业未来施工中的交汇问题全部暴露出来并提前解决,为将来工程施工组织与管理打下良好基础。施工中可以合理安排、调整各专业或各分包的施工工序,有利于穿插施工。
　　传统的施工交底依靠对二维蓝图的理解,加上技术人员的空间三维想象能力进行,但人的三维空间想象能力有限,而通过 BIM 可视化的模型,可虚拟展示施工工艺,进行三维技术交底,使施工人员更直观地了解管线走向,把握节点部位,同时辅以漫游动画,可有效提升工程施工安装效率,如图 2-37 和图 2-38 所示。

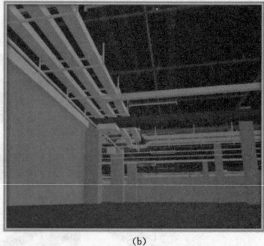

(a)   (b)

图 2-37　桥架和管道布置模型与现场对比图

图 2-38　BIM 软件漫游图

　　运用三维可视化技术,通过不同方位、角度的变化,可直观地对需要施工的机电系统管线走向,以及管线综合交叉避让时的方案有清晰的认识,继而配合每一段管线自身所携带的相关参数,包括标高、规格大小、保温厚度、连接方式、系统类型等安排组织施工,提高了施工效率,杜绝了因排布问题而引起的返工。

第三章 物联网技术在建筑施工中的应用

物联网(internet of things,IoT)意为万物相连的互联网,是在互联网基础上的延伸和扩展。

第一节 物联网概述

1985 年,Peter T. Lewis 首次提出了物联的概念。1995 年,比尔·盖茨在《未来之路》一书中,亦提及万物互联概念。1998 年,麻省理工学院提出了当时被称作 EPC 系统的物联网构想。1999 年,麻省理工学院的 Ashton 教授在研究 RFID(射频识别)技术时最早提出较为明确的物联网概念。2005 年的世界信息峰会上,国际电信联盟发布了《ITU 互联网报告 2005:物联网》,物联网的定义和范围有了较大的拓展,不再只是指基于 RFID 技术的物联网,宣告"物联网"时代的来临。2009 年 8 月,时任国务院总理温家宝在无锡视察时高度肯定了"感知中国"的战略建议,无锡市率先建立了"感知中国"研究中心,中国科学院、运营商及多所大学在无锡建立了物联网研究院。物联网被正式列为国家五大新兴战略性产业之一,写入了十一届全国人民代表大会第三次会议政府工作报告,物联网在中国受到了全社会极大的关注。2010 年 3 月,政府工作报告中也将"加快物联网的研发应用"明确纳入重点振兴产业。2011 年 3 月 14 日发布的《中华人民共和国国民经济和社会发展第十二个五年规划纲要》中多次强调了"推动物联网关键技术研发和在重点领域的应用示范",大力发展物联网产业已经成为我国一项具有战略意义的重要决策。2013 年 2 月 5 日,国务院发布了《关于推进物联网有序健康发展的指导意见》。

一、基本概念

1. 系统架构

物联网是在互联网、移动通信网等通信网络的基础上,针对不同应用领域的需求,利用具有感知、通信与计算能力的智能物体自动获取物理世界的各种信息,将所有能够独立寻址的物理对象互联起来,构建人与物、物与物互联的智能信息服务系统。物联网的核心特征体现在三个方面:全面识别与感知、可靠传输和智能处理。其架构自下而上主要体现为以下三个层面:

(1)感知与控制执行层:感知与数据采集通过传感器、二维条码、RFID、多媒体信息等技术,随时随地对物体进行信息采集和获取;近距通信和协同信息处理主要涉及低速和中高速短距离传输技术、自组织组网技术、协同信息处理技术、传感器网络中间件,以及智能控制等技术。

(2)网络传输层:主要支撑技术有 M2M、异构网、移动通信网、互联网、专用网络、业务管理等,实现随时随地、可靠的信息交互和共享。

(3)应用服务层:以 SOA(面向服务器的架构)、海量存储、分布数据处理、数据挖掘、大数据为支撑,对海量的感知数据和信息进行分析并处理,与环境检测、智能电力、智能交通、工业监控、智能家居等场景结合,实现智能化的决策和控制。

2. 网络特征

受安全、规模等因素制约,物联网中并不是所有节点都必须运行在广域网上。举例来讲,很多末端传感器和执行器没有运行 TCP/IP 协议栈的能力,取而代之的是它们通过 Zig-Bee、现场总线等方式接入。由于终端连接的"物"种类极其繁杂、庞大,因此制定一种统一的规格、协议适配所有应用是不现实的,这是各种物联网系统面对的难题。通常这些设备的地址翻译能力和信息解析能力有限,为了将其接入网络,需要网关等代理设备和程序实现不同网络之间的协议解析与翻译:一方面,作为子网的出口,与底层传感、执行设备通信;另一方面,作为上层网络的一个节点,实现语义在子网与上层网络之间互译,补足设备欠缺的接入能力。因此网关类设备也是物联网硬件的重要组成之一。

3. 物联网的边界与作用

互联网扩大了人与人之间信息共享的深度与广度,而物联网主要着力于生活的各个方面、国民经济的各个领域广泛与深入的应用。互联网是物联网发展的基础,两者在基础设施上有一定程度的重合,但物联网不是互联网的概念、技术与应用的简单扩展。

物联网是实现物理世界与信息世界融合的纽带。其应用涵盖小到家庭网络,大到工业控制系统、智能交通系统,甚至是国家级、世界级的应用,并衍生很多具有"计算、通信、控制、协同和自治"特点的智能设备与智能信息系统,以帮助人类对物理世界实现"全面的感知能力、透彻的认知能力和智慧的处理能力"。这种新的模式拓展了人类对物理世界认识的深度和广度,在提高劳动生产力、生产效率的同时,可进一步帮助人类改善社会发展与地球生态和谐的关系。

4. 信息物理融合系统

未来,随着嵌入式计算、无线通信、自动控制与新型传感器技术的快速发展与日趋成熟,信息物理融合系统(cyber physical systems,CPS),通过计算技术、通信技术与控制技术的有机融合和深度协作,将实现环境感知、嵌入式计算、网络通信的深度融合,"3C"(computing,communication,control)与物理设备深度融合,"人、机、物"深度融合,可广泛应用于工农业生产、智能交通、智慧城市、环境监控、智能电网、军事国防、工农业生产等领域,是工业4.0 的核心技术。

5. 无线传感器网络

无线传感器网络(wireless sensor network,WSN)是物联网技术发展的重要支撑技术,由部署在被监测区内大量低成本、低功耗微型传感器节点组成,是通过无线通信方式形成的一种具备多跳、自组织功能的网络系统,用于协作地感知、采集和处理网络覆盖范围内感知对象的状态信息,并通过网络传输给决策者。

WSN 通常包括传感器节点、汇聚节点、网关节点和基站。节点随机或有规律地部署在监测区域内,通过无线多跳自组织方式构成网络。数据通过无线信道进行传输,传输过程中监测数据可能被多节点处理、转发,经过多跳后路由到汇聚节点,由汇聚节点将数据传送到网关节点,再由网关通过外部网络传输给基站、系统存储与决策单元。运维人员可以通过管理基站发送控制指令,实现对网络的配置、管理,发布监测任务并收集监测到的数据。

二、相关技术与应用

物联网将物理世界数字化,通过感知、传输与决策,可以广泛应用于工业、建筑、农业等多个行业,是科学技术发展、现实需求促进的产物,是多种技术的集成与融合。

1. RFID

RFID 是 radio frequency identification 的缩写,即射频识别。最基本的 RFID 系统由标签、阅读器和天线组成。RFID 天线在标签和读取器间传递射频信号;电子标签分为有源电子标签、无源电子标签和半无源电子标签。其优势主要有:非接触操作,长距离自动识别;无机械磨损,寿命长;可识别高速运动物体并可同时识别多个电子标签;数据安全,除电子标签的密码保护外,数据部分可用一些算法实现安全管理;读写器与标签之间存在相互认证的过程,实现安全通信和存储。

2. ZigBee

ZigBee 是一种低速、短距离传输的无线通信协议,底层采用 IEEE802.15.4 标准规范的媒体访问层与物理层,支持星型、树形、网状拓扑结构。传输范围一般介于 10~100 m 之间,在增加发射功率后,可增加到 1~3 km;如果通过路由和节点间通信的接力,传输距离将可以更远。

(1) 数据传输速率:10~250 kbit/s,属于低传输应用。

(2) 工作频段:使用的频段分别为 2.4 GHz、868 MHz(欧洲)及 915 MHz(美国),均为无须申请的 ISM 频段。

(3) 低功耗:工作周期短,辅以休眠模式,收发信息功耗低。

(4) 可靠性:采用碰撞避免机制,避免了发送数据时的竞争和冲突。

(5) 低成本:数据传输速率低,协议简单,降低了成本,另外,使用 ZigBee 协议免专利费。

(6) 短时延:设备搜索时延的典型值为 30 ms,活动设备信道接入时延为 15 ms,休眠激活时延的典型值是 15 ms。

(7) 大网络容量:一个 ZigBee 网络可容纳多达 254 个从设备和一个主设备,一个区域内可同时布置多达 100 个 ZigBee 网络。

(8) 高安全性:ZigBee 提供了数据完整性检查和认证功能,加密算法采用 AES-128,应用层安全属性可根据需求配置。

3. NB-IoT

窄带物联网(narrow band internet of things,NB-IoT)是物联网的一个重要分支。NB-IoT 构建于蜂窝网络,带宽要求低,可直接部署于 GSM 网络、UMTS 网络或 LTE 网络,可实现低成本部署、平滑升级。其特点是频段低、功耗低、成本低、覆盖好、网络容量大,一个基站就可以比传统的 2G、蓝牙、WiFi 多提供 50~100 倍的接入终端,并且用一节电池即可供设备工作 10 年。它支持星型拓扑结构,使用距离为远距离(10 km 以上)。目前它已广泛应用于智慧城市(如智能井盖)、共享单车等。

4. LoRa

LoRa 是远距离无线电(long range radio)的简称。与其他无线方式相比,在同样的功耗条件下,LoRa 传播的距离更远,实现了低功耗和远距离的统一,它在同样的功耗下比传统的无线射频通信距离扩大 3~5 倍。它支持星型拓扑结构,典型使用距离 2~5 km,最高可达 15 km,已广泛应用于物流跟踪等应用。

5．大数据

大数据(big data),指无法在一定时间范围内用常规软件工具进行捕捉、管理和处理的数据集合,是需要新处理模式才能具有更强的决策力、洞察发现力和流程优化能力的海量、高增长率和多样化的信息资产,具备大量(volume)、高速(velocity)、多样(variety)、低价值密度(value)、真实性(veracity)等特征。大数据的一个重要来源即物联网。

6．云计算

云计算(cloud computing)是基于互联网的相关服务的增加、使用和交付模式,通常涉及通过互联网来提供动态易扩展且经常是虚拟化的资源。美国国家标准与技术研究院(NIST)对它的定义为:云计算是一种按使用量付费的模式,这种模式提供可用的、便捷的、按需的网络访问,进入可配置的计算资源共享池(资源包括网络、服务器、存储、应用软件、服务),这些资源能够被快速提供,只需投入很少的管理工作,或与服务供应商进行很少的交互。物联网处于底层,设备的数量多、分布广、数据量大,分布式云计算方式比较适合物联网的上述特征需求。

7．人工智能

人工智能(artificial intelligence,AI)是研究、开发用于模拟、延伸和扩展人的智能的理论、方法、技术及应用系统的一门技术科学。人工智能是计算机科学的一个分支,它旨在了解智能的实质,并生产出一种新的能以与人类智能相似的方式作出反应的智能机器,该领域的研究范围包括机器人、语言识别、图像识别、自然语言处理和专家系统等。人工智能从诞生以来,理论和技术日益成熟,应用领域也不断扩大,可以设想,未来人工智能带来的科技产品,将会是人类智慧的"容器"。人工智能可以实现对人的意识、思维的信息过程的模拟。基于物联网技术得到的大数据,为人工智能的发展提供了有力的支撑。

三、面临的机遇与挑战

互联网数据中心(IDC)表示,全球对物联网的投入,到 2021 年将跃升至 1.1 万亿美元。目前,物联网设备的规模仍然相当小,未来,在基础设施和软件方面,企业将成为物联网支出的主要推动力,而一旦基本硬件元素被部署,后者将成为经济活动的主体。比物联网的技术层面更重要的是,它有望改变商业活动,以及人类与数字宇宙的互动方式。沃达丰(英国一家电信企业)对物联网预测之一是,它将推动转型,转向基于服务而非产品的商业模式。如果没有物联网,这一改变将是不可能的,因为物联网有能力降低风险、降低成本、开拓新的收入来源。

然而,不利的一面是,由于许多可联网的设备运算能力不高,仅能提供极为简单的应用服务,不可能安装防御软件,仅能依赖内置的加密机制。如果用户沿用默认的密码,黑客就能轻易地攻破。所以,物联网的普及与发展,将带来新的安全挑战。勒索软件攻击和其他威胁已经开始聚焦于越来越多的物联网设备。与此同时,如果黑客能够侵入如健康监测器和生命维持系统这样的关键设备,针对大公司甚至是医疗保健这样的垂直行业进行定向攻击,将会造成重大的安全问题。

第二节 物联网技术在建筑施工安全管理中的应用

建筑施工的安全问题,对社会经济、人民生活和周边自然环境都会产生一定影响,是政府和相关企业关注的焦点,也是持续改进的重点。建筑项目的规模、施工复杂性、信息交互量、劳动密集程度、工种组织协调难度越来越大,给安全管理工作带来更多困难。

基于建筑工程的特点,将物联网的突出优势与工程安全相结合,通过信息传感、感知设备对工程的多维度要素进行感知;经过传输链路,建筑工程中影响安全的诸多要素(人员、材料、设施、设备、施工环境等)实现泛在互联;基于信息交互、通信、存储、智能化处理与分析,实现施工现场多要素的智能化、一体化识别、定位、跟踪、监视、控制、管理和决策。通过物联网技术,改变人员监控的传统管理模式,对工程施工管理中的管理盲点,实现重点对象实时监测与控制,达到施工现场、建筑结构、信息空间、管理空间的深度融合,弥补施工现场、安全状态与决策管理之间的"信息鸿沟",有效提升数字化工地、智慧工地的安全管理保障能力,确保人员、机械、构筑物等处于安全受控和准确响应状态,防止高危、重大事故的发生。见图3-1。

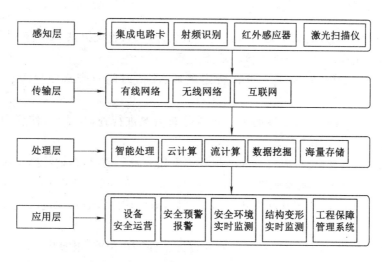

图 3-1 物联网技术在建筑施工工程中的应用

物联网技术的应用,可有效拉近工程管理层与一线施工人员关系,使得建筑工程一线的具体施工工作纳入管理层视野范围内,使得决策者能够具体了解实时的现场施工情况、设备适用情况,施工工作进度与质量等实际情况,对各项环节实时监控管理,使得建筑工程安全能够实现智能化精细管理,减少人力、物力投入等,为企业省去真正不必要的资源投入,保证建筑工程企业施工安全和施工质量。

一、人员安全管理

鉴于建筑工程周期长、环境复杂、区域跨度大、施工人员分散作业与立体作业相交叉,传统的人员"旁站"式安全管理,耗时长、工作量大、劳动强度高,而效果往往很难达到要求。RFID、人的视觉特征等相关技术在快速成熟并投入商用,通过人员位置、状态及其周边环境的感知、研判,对危险的行为、状态及时预警与告警,有利于确保人员安全,避免事故发生。

1. 考勤管理/出勤管理

考勤是人员安全管理的首要功能之一。通过读卡器、视觉传感器、人体生物特征识别设备,能准确判断、记录施工相关人员的出入情况;能对施工人员和干部以及部门信息进行添加、修改、查询,并可按部门及各种指定查询条件进行人员的出勤情况查询,如编号、姓名、排班与班次、工种、所属部门等;可按任意设定条件自动检索、排序;对指定时间段所有项目人员的出勤情况进行查询、统计,并最终可以按照用户要求输出报表。

2. 定位管理功能

对监测区域内,任一时间、某个区域人员及设备的身份、数量和分布情况进行感知、分析与研判,确保被监测的人没有处于危险境地,为预防事故的发生打下基础;可监测、查询一个或多个人员及设备现在的实际位置、活动轨迹;记录有关人员及设备在任一地点的到达时间、离开时间、总工作时间等一系列信息,可以督促和落实安全员是否按时、准点履职,进行实地查看,或进行各项数据的检测和处理,从根本上杜绝人为因素造成的相关事故。对未授权的外来人员、已授权的人员越界进入危险区域等情况,自动预警、报警,并对相关人员进行警示。

3. 查询统计

基于人员、环境状态的动态感知,通过查询、统计,可为管理提供准确、实时的数据支撑,为安全管理信息化提供必要条件。核心功能主要包括:

(1)施工人员查询:对施工人员在特定区域、滞留时间及带班领导等相关情况进行查询。

(2)工人分布查询:对各区域的施工人员分布情况进行查询、统计,使管理人员可以方便地知道特定区域的工作人数。

(3)未到达区域查询:用以督查和考核相关责任人跟班情况,查询特殊工种人员是否到达了其工作范围的所有区域履职等。

(4)区域人数统计:设置和管理相关施工区域,对区域内人数自动进行统计。

4. 报警、灾后急救信息

人员的安全是建筑施工有序推进的首要保证条件。在预警、报警状态下,或者事故发生后,对敏感区域受影响人群的统计与监测,附近的抢险、救灾专业人员配置情况、物资分布情况的了解以及如何及时调度,这些信息对于应急处置的快速有效,具有关键作用。一旦发生安全事故,准确的人员数量、人员信息、人员位置等关键数据,将大大提高抢险效率和救护效果。

二、设备安全管理

机械、设备是建筑施工高效开展的必要条件。随着技术的进步、工程体量的增加、技术复杂度的提高,工程建设对于机械、设备的依赖程度越来越高。通过在塔吊、电梯、脚手架等工程机械、设备中嵌入感知设备,对其内部应力、振动频率、温度、倾斜、变形等数值进行测量与传导,实时监控设备安全状态,确保施工设备始终保持最佳性能,保证施工操作人员及周边施工人员以及设备的安全。更进一步地,通过对被监测设备的行为进行识别,建立不同设备的相互影响评估模型,实现如多台塔吊的撞车动态预防等功能。

三、建筑材料供应管理

施工材料对建筑工程主体结构的稳定与否起着决定性的作用,施工材料质量的好坏直接影响建筑工程的安全与否;结构安全离不开建材的质量安全,建筑材料保质、足量、按时供应,是工程安全最基本的保障。

通过 RFID 技术,无须打开包装,或隔着障碍物,即可实现材料编码的批量识别,以保证材料的有序进场和安全。通过物联网技术,能实现建筑原材料供应链实时监控和透明管理,随时获取材料、构件信息,提高自动化程度和管理效率,实现智能化物料供应管理体系。

四、构件、构筑物安全管理

利用射频识别技术,对施工构筑物、构件上的标签进行扫描,可测取构件的位移、变形、裂缝等数值,确定受损数值较高的构件,并对这类构件进行精准定位,通过受损构件修复,确保施工构件的质量符合施工安全、质量上的需要,以此来避免施工过程的安全风险。通过大数据、人工智能技术,还可以对构件受损的信息进行深度挖掘,分析出构件的受损原因。建筑工程企业可以将构件受损原因反馈给供应商、设计部门,让其重新设计、优化构件的结构,避免继续生产易损的施工构件,从而形成工程质量的动态反馈与改进机制。

五、环境感知与控制管理

影响施工现场安全环境的因素有很多,主要包括现场温度、湿度、水文、气象、地质、地表沉降等,这些会对工程安全产生复杂多变的影响。物联网技术的应用可以将多种传感器装设于施工场地中,实时监测敏感环境因素的变化,通过传输层、应用层产生控制指令与决策。当这些因素检测值超过容许值时,或者多元素的叠加效应超过阈值时,传感器即向管理人员进行预警提示,以便以最快时间采取补救措施和救援措施。

另外,工程施工会对属地的空气质量、声环境造成一定影响,因此,实时监测空气质量、施工环境噪声,通过水雾喷洒、扬尘抑制、噪声抑制等措施的落实,降低建筑施工对周围环境的影响,营造一个和谐的工程项目推进外部环境,是工程项目有序推进的必要条件。

六、资源调度管理

建筑工程施工现场往往规模较大且来往车辆、人员数量较多。如何对这些车辆、人员出入施工现场的时间和顺序进行有效管理,是建筑工程安全管理工作难点之一。通过对工程推进进度的感知、人员与机械设备的状态感知,以及建筑材料库存数量的感知,可提前预测资源需求量与需求时间;通过物联网技术,可严格控制人员、材料、车辆的出入场顺序时间,保证人员和车辆出入的安全和高效,防止施工过程中出现施工材料浪费或缺失问题,有利于实现施工现场资源的合理配置,保证施工现场始终处在稳定运行的状态;通过人员、机械、材料在施工现场的流动频率的管控,避免施工现场由于资源的拥堵、集中、混乱造成的安全事故。

将企业、项目的各项资源信息整合起来进行合理化分配,可以保证企业决策者了解施工技术设备更新换代的实际需求和现有状况。有了更加完善的施工技术和施工设备后,施工人员的施工阻力就会大幅度降低,从而降低工作难度,保证自身安全,扩大企业利益。

七、小结

通过工程安全物联网平台,能实时感知人、机械设备的状态,以及结构构件本身、施工环境的变化,实现信息技术、计算机技术、施工现场和管理平台的深度融合,促进数字化工地、智慧工地的建设进程,提高工程安全管理的信息化水平,为保证建筑工程施工现场安全奠定坚实的基础,以实现施工现场安全的全面提升。

第三节　深基坑开挖变形监测

改革开放以来,随着城市的快速发展,城市土地资源日益紧张,发展高层建筑和地下空间成为必然趋势,涉及深基坑的工程数量近年快速增长。深基坑不仅可提高土地的空间利用率,同时也为高层建筑物的抗震、抗风等提供稳固的基础。随着建筑高度的增加和规模的扩大,基坑深度和防护边坡的高度也不断加大。目前,国内高层建筑基坑深度通常是 8～30 m,一些特殊建筑更深,如国家大剧院基坑深 32.5 m,而城市地铁车站的基坑深度甚至会超过 40 m。

作为一项受多种因素影响的复杂性工程,深基坑工程建设过程中的事故偶有发生。这是因为深基坑工程,尤其是城市深基坑工程,通常处于较为复杂的环境中,其施工将不可避免地对周围土体的应力场和位移场造成干扰,引起基坑周边地表及建筑位移的变化。如果处理不当,可能会造成安全、质量隐患和经济损失,甚至导致工程事故。如 2010 年,广州市某深基坑工程施工引起周边道路开裂。如何安全、经济、高效地进行工程实施,控制深基坑变形成为需要重点解决的问题。

为保障深基坑工程的顺利施工,保障人民生命财产安全,有效的基坑变形监测、及时的数据反馈处理至关重要。深基坑的变形,需要监测的内容很多,如监测基坑周围土体沉降、坑底隆起、支护结构水平位移、基坑周边收敛、坑壁倾斜和外鼓、深层土体差异沉降和水平位移等。

一、基坑变形分类

随着基坑土体的开挖卸载,基坑内部的土压力不断减小,在内外压力差的作用下,车站基坑及周边土层将会发生不同程度的变形,主要表现为围护结构深层水平位移、周边地表沉降以及坑底的隆起变形,且三者相互关联。

1. 围护结构变形

按变形模式,基坑围护结构侧向变形大致分为以下 4 种形式:

(1)弓形变形:在软土地区,基坑的支护体系为围护结构加内支撑且围护结构的入土深度不大,此时围护结构侧向变形明显向坑内凸出,中间部位的变形明显大于两端且有可能出现反弯点。

(2)倾形变形:围护结构最大侧移发生在顶部位置,侧向变形呈"悬臂式"发展,变形曲线近似为倒三角形,围护结构底部有时可能会发生回翘现象,这主要是由于围护结构顶部位置支撑架设不及时或没有设置支护结构造成的。

(3)深埋式变形:围护结构的埋设深度一般较大,由于底部约束作用较大从而产生的变形较小,围护结构上端的侧向变形较大。大多数围护结构埋深较大的基坑侧向变形都属于这种变形模式。

(4)踢脚形变形:这种情况一般出现在软土、淤泥质地区。相比于基坑开挖深度,围护结构的入土深度不够,此时由于约束不足,围护结构最大水平位移出现在底部位置,从而产生踢脚变形。

围护结构入土深度大小对围护结构的侧向变形控制起到极为关键的作用。合理的围护结构入土深度可以有效保证基坑施工期间的安全与稳定,由于围护结构基本不可回收利用且造价费用较高,围护结构入土深度较小时可以更好地节约资金从而保证经济效益,但围护结构入土深度较小时又无法保证基坑的稳定与安全,因此这就要求选择合适的入土深度,在节约资金的同时确保基坑的安全与稳定。

围护结构侧向变形按变形方向可以分为水平变形与竖向变形。

(1)围护结构水平变形:基坑开挖施工过程中,在土体开挖卸载的作用下基坑周边土体稳定系统遭到破坏,围护结构与内支撑共同承受基坑外侧水土压力。随着开挖的进行,坑内外压力差逐渐增大,围护结构产生向坑内的侧向变形,一般分为悬臂式位移、抛物线形位移和组合式位移。在基坑开挖深度较浅还未架设支撑时,由于围护结构顶部无约束作用而产生向坑内的侧向变形,表现为顶部位移最大的"悬臂式"位移曲线。随着基坑开挖深度的加大,内支撑相继架设,围护结构侧向变形的发展得到有效限制,围护结构的侧向变形表现为中间大两头小的"抛物线形"位移曲线。当基坑的支护体系采用围护结构加内支撑的支护体系时,围护结构深层水平位移理论上呈"组合式"位移曲线发展。

(2)围护结构竖向变形:在基坑开挖过程中,由于开挖土体的应力释放,围护结构与土体之间的摩擦力减小,围护结构可能产生向上的位移趋势,但在周边荷载的作用下围护结构也可能产生向下的位移趋势,所以实际施工过程中围护结构隆起和下沉都是有可能的,由于变形较小往往可以忽略。

2. 周边地表沉降变形

在基坑开挖过程中,周边土体会出现较大的塑性区,基坑内外水土压力差不断增大,围护结构外侧土体向坑内产生不同程度的滑动从而造成周边地表产生沉降位移。基坑周边地表沉降主要分为三角形沉降和凹槽形沉降两种变形形式,围护结构侧向变形的形状及大小决定了周边地表沉降位移的变形形式。当围护结构未设置内支撑时,最大水平侧向变形发生在围护结构顶部位置,此时围护结构侧向变形呈"悬臂式"发展,围护结构顶部位置墙后土体侧向滑动较大,周边地表沉降呈"三角形"分布,最大地表沉降发生在基坑边缘位置附近,随着距基坑边缘距离的增大沉降值逐渐减小。当围护结构设置多道内支撑或入土深度较大时,周边地表沉降呈"凹槽形"分布,最大地表沉降发生在距离基坑边缘一定距离位置处。由于周边地表沉降位移对周边建筑物、地下管线变形影响较大,在施工过程中应严密监测地表沉降位移从而防止过大变形给周边环境造成危害,确保施工安全。

3. 坑底隆起变形

基坑坑底隆起主要是由于土体开挖竖向应力得以释放导致土体原有应力状态发生改变,以及在坑内外水土压力差和周边荷载作用下围护结构外侧土体向坑内、坑底发生滑动等原因造成的。根据基坑底部土体受力状态和开挖深度,坑底隆起分为弹性隆起和塑性隆起两种形式。当基坑开挖深度较浅时坑底会出现中间大两边小的弹性隆起,且当开挖停止时基坑底部隆起也会随即停止;当基坑开挖深度较大且基坑较宽时在逐渐增大的压力差的作用下坑底会出现中间小两边大的塑性隆起,且周边地表也会随着土体向坑底的移动出现较大的地表沉降位移,坑底隆起与周边地表沉降互相关联。

二、变形监测要求

1. 准确性

基坑变形监测数据必须是真实可靠的,监测数据是否准确可靠是基坑监测的关键问题。监测数据是监测工作质量很重要的体现,直接影响观测人员对基坑当前状态的判断。监测数据的可靠性由测试元件安装或埋设的可靠性、监测仪器的精度以及监测人员的观测水平和工作责任心来保证,监测数据的真实性要求所有数据必须以原始记录为依据,原始记录任何人不得更改、删除。

为确保基坑变形监测的可靠性和准确性,一般监测规范都要求基坑监测坚持"三固定"原则,即固定人员、固定仪器、固定观测路线。每次测量位置保持一致,保证前后观测视距的一致性,即使前后视距相差悬殊,结果仍然是完全可用的。监测要求尽可能做到等精度,使用相同的仪器,在相同的位置上,由同一观测者按同一方案施测。

另外,基坑开挖或降水之前,为确保对基坑状态进行准确的综合判断,还需要收集基坑周边环境各监测对象的原始资料和使用现状等资料。必要时利用拍照、录像等方法记录保存有关资料或进行必要的现场测试取得有关资料,特别是对使用年限比较久的老建筑物以及已经开裂的地下管线等,记录工作要做得很细致,以免影响基坑开挖对周边环境影响程度的综合判断,避免不必要的纠纷。

2. 时效性与及时性

相对于普通工程测量来说,基坑开挖是一个动态的施工过程,基坑变形监测没有明显的时间效应,基坑监测通常是伴随着基坑开挖和降水的过程而开展的,基坑开挖和降水都会对基坑监测点产生影响,因此测量结果是动态变化的,即时的结果和 1 d 以前甚至 1 h 以前的测量结果就有可能不一样。所以深基坑施工中监测需随时进行,要做到当天测当天反馈,危险时刻要做到及时观测及时反馈,监测数据需在现场及时进行计算处理,计算有问题可及时复测,尽量做到当天报表当天出。只有保证及时监测,才能有利于及时发现隐患,及时采取措施。

一般根据规范和现场基坑开挖和降水情况选择基坑监测频率,在测量对象数据变化趋势加快或者达到规定值时,应该加密观测。基坑监测的时效性要求观测人员、观测仪器设备和观测方法等具有采集数据快、全天候工作的能力,甚至适应夜晚或雨天以及大雾天气等恶劣的环境条件。基坑变形监测时效性还体现在周期比较长,一般要求基坑开挖之前即进场进行观测,然后一直观测到主体结构出正负零,基坑回填完毕为止。这样的基坑观测周期决定了观测人员工资成本较高。

基坑变形监测已经成为基坑施工的必要环节,作为与基坑周边环境紧密相关的系统工程,及时的信息采集、分析、处理、反馈,既可以真实地反映基坑实际的运作状态,指导下一步的施工或降水工作,又为设计和施工提供了宝贵的第一手资料。

3. 变形监测网布置技术要求

在开展基坑边坡稳定性变形观测前,首先需要建立平面控制网。深基坑边坡变形观测主要目的是单独测定监测点的位移量,因而只需建立相对独立的坐标系统即可满足控制要求。平面控制网按两级布设,由基准点和工作基点组成监测基准网,由工作基点与监测点组成变形监测网。基准点选在变形影响区域之外稳固可靠的位置,一般采用设计单位移交的设计控制点。为保证布置在基坑周围监测点的观测方便,相应地在基准点覆盖的范围内及不在变形影响的区域内加密一些控制点,来作为基坑边坡变形监测的工作基点。

(1)基准点及工作基点布设

设计单位移交的基准控制点,在基坑开挖的两条长边上且不在变形影响的范围内进行加密,工作基点连线尽量平行于矩形基坑中轴线。选址及埋设方式都采取相应的加固措施,确保工作基点的稳固性。在每次观测之前,应验证基准点及工作基点的稳定性,要求每个月对所有基准点及工作基点进行一次闭合线路联测。

(2)基坑监测点布设

基坑边坡监测点直接埋设在坡脚、马道及基坑边坡顶(边坡顶埋设在离开挖线 2~3 m处)。观测点埋设好后设立醒目标志并做好防护措施。点位间距不大于 90 m(施工过程中可根据实际情况作具体调整),边坡断面布点形式如图 3-2 所示。

图 3-2 基坑边坡断面监测点布设

4. 变形监测实施技术方法

(1)水平位移监测

基坑开挖形状类似于矩形,基坑边坡位移发生的方向主要是垂直矩形中轴线向内,为此,以平行于矩形基坑中轴线的一边为基准线,建立独立的坐标系,利用矩形基坑的特有优势,采用测小角法分析发生于沿垂直基坑边线方向上的位移。与垂直于基坑边线方向的位移相比,其他方向的位移是可以忽略不计的。如图 3-3 所示,沿基坑直线边建立一条工作基线,通过测量固定方向与测站至监测点方向的小角度变化,测得测站至监测点的距离,从而计算出监测点的位移量 ΔP。

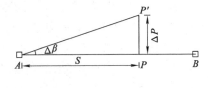

图 3-3 测小角法

位移 ΔP 的计算公式如下:

$$\Delta P = \frac{\Delta \beta}{\rho} \cdot S$$

式中 $\Delta \beta$——角度变化量;

ρ——换算单位,一般取 $\rho = 206\ 265$;

S——工作基点至监测点的距离。

测小角法仪器应架设在基坑外,且测点与监测点不宜太远,工作基线方向与工作基点至监测点的夹角宜小于 5°,并与基坑边大致平行。测小角法的观测误差主要由测角引起,由距离引起的误差非常小,可以忽略不计。因此,其边长只需初始测量一次即可,从而大大减少工作量。另外,由于测角的精度可以通过增加测量次数来提升,所以测小角法可以得到比较高的精度。

(2) 沉降监测

沉降监测采用水准测量方法,通过工作基点与监测点间联测一条水准闭合线路。监测对象基坑边坡属变形比较敏感的水工建筑物,变形监测精度标准要求等级为 3 等,因此沉降水准联测网按国家二等水准观测要求施测。水准观测方法及要求如下:

① 水准观测前,先进行水准仪 i 角检验,仪器和设备应检验校正,并保留检验记录。

② 水准观测时采用中丝读数法进行往返观测,奇数站观测顺序为"后—前—前—后",偶数站观测顺序为"前—后—后—前"。

③ 水准观测过程中应尽量减少系统误差,所以每次观测都应遵守"五固定"原则:即固定工作基点、固定测量人员、固定测量仪器、固定监测环境条件、固定测量路线和方法。

④ 当相邻观测周期的沉降量超过限差或出现反弹时,应重测并分析工作基点的稳定性,必要时联测基准点进行检测。

三、加固结构水平位移的监测

高精度全站仪是深基坑监测水平位移所采用的仪器,这种监测仪器兼具了水准仪和经纬仪的功能。目前,全站仪常用的监测方法包括前方交会、后方交会、距离交会。由于基坑施工现场的环境具有一定的复杂性(现场空地非常狭窄),全站仪的观测位置不太可能固定不变,为此,监测人员需考虑自由设站采用后方交会的监测方法。这种监测方法的实施过程如下:水平位移基准点数量不少于 3 个,全站仪设站应通视 3 个基准点,观测基准点计算测站坐标后定向采用"测回法"对基坑监测点逐个进行监测。

四、周边环境垂直位移的监测

对深基坑周边环境进行垂直位移监测时采用的仪器是数字水准仪,这种监测仪器是建立在电子技术和光学水准仪之上的,给基坑沉降监测提供了极大的便利,加快了监测速度,同时还提高了监测数据的精确性。数字水准仪的基本构造包括自动安平装置、光学机械、电子设备。利用数字水准仪监测基坑周边环境的沉降方法主要是采用环形闭合水准路线进行监测。之所以用这样的水准观测路线,是因为闭合环水准路线具有多余观测,有利于检测外业观测中的粗差和错误,提高外业观测数据采集的质量和可靠性,同时还有利于数据的严密平差和提高精度。

五、加固结构深层侧向变形监测

测斜仪能对土体深部水平位移或其沿垂直方向土层位移进行精确的测量,其在基坑工程中监测的参数是桩身或开挖土体造成的岩土水平位移、加固结构的水平偏离、地下室垂直墙面的水平位移。在基坑施工前,将测斜管浇筑在岩土或加固结构中,保证管内槽上的两对导槽有一对垂直于基坑边,工作时将测斜仪的探头放入导管内,测头导轮卡在导槽中沿导槽滑动,即可进行监测。注意,需进行两次监测。

六、加固结构锚索内力监测

加固结构锚索内力监测是深基坑变形监测的一个重要监测内容,采用的仪器一般是振弦式锚索测力计。加固结构锚索内力与加固桩的受力状态具有直接的关系,还影响到桩后土体的位移。振弦式锚索测力计的工作原理是荷载会引起仪器内部变形,这种变形将传递给振弦,而仪器将其转变为振弦应力的变化,改变仪器振动频率,仪器将测量并读出振动频率,根据相关公式计算出荷载值。

七、地下水位监测

基坑周围和基坑内部的地下水对基坑变形都具有十分密切的关系,各个等级的基坑工程都需要密切地监测地下水位变化,以预防基坑工程变形事故。地下水位监测常用的监测仪器是钢尺水位计或钢尺。如果基坑工程的地下水位较高,则采用水位井观测法,或者将钢尺直接插入观测井。如果基坑工程地下水位较低,则利用钢尺水位计监测,将其放入水位观测井,当其发出鸣声时读数,计算水位高度。

八、与 BIM 技术的结合

BIM 模型可以贯穿建设的全过程,实现全程信息化、智能化。基于 BIM 技术的造价管理可保证造价信息的真实性、准确性及完整性,可精确地控制施工实际成本。

九、小结

监测基坑周围土体沉降和坑底隆起主要采用几何水准法,变形量通常较大。监测精度要求不高时,也可采用全站仪测距三角高程法与水平位移监测同步进行。深基坑边坡水平位移,按传统方法通常是先布设变形监测网,然后基于该网,采用交会法、视准线法和全站仪三维极坐标法等进行监测。

第四节　结构安全性监测

一、结构安全性监测的重要性与意义

任何结构在出现事故之前都会有预兆,如出现异常的位移或倾斜,会发出异常的响声或结构构件的某些特征发生明显的变化。如果能抓到这些异常的信号,准确判定原因并及时处理,就可以避免发生恶性事故。而实施重要大型钢结构监测就是要发现这些信号并进行科学的判定,发现结构存在的安全隐患,及时发出预警,使有关单位能够采取有效的措施,排除隐患,避免恶性事故的发生。

重要大型钢结构安全性监测的另一个目的就是对设计预期的受力状态进行校核,发现设计中可能考虑不周的问题,及时予以调整,使设计水平不断提高。安全性监测工作是要测

定结构或结构构件在实际作用下的实际响应情况。这项工作与目前常见的设计审查、施工监理以及工程质量检测与鉴定有着明显的区别。结构设计依据的是结构的设计规范和成功的工程事例。设计规范则是以一些基本的力学原理、基本假定、试验研究和成功的工程事例为基础。设计审查也是以设计规范和工程经验为依据。施工监理是以设计图纸为依据,对施工质量的监督;结构性能和工程质量检测与鉴定也是以设计图纸和设计规范为依据。这一系列严格的与结构安全相关的工作最终都基本上归于结构的设计规范。实际上,成功的事例也会掩盖一些错误,而结构设计规范本身也有局限性。这里所要说的是,结构设计规范不是万能的,不是绝对正确的。即使严格满足结构设计规范要求的结构也不一定就是绝对安全的。规范是对已知问题认识的总结,那么,肯定存在一些问题对于我们来说是未知的。例如1976年唐山大地震以前,建筑和构筑物的抗震问题就没有被认识到,规范也没有充分反映建筑和构筑物的抗震设计问题。现在的规范也有类似的问题。目前缺乏一个超出结构设计规范束缚经验,以结构实际的性能和状况来评价结构安全性的有效措施。

目前我国土木工程事故频繁发生,如桥梁的突然折断、房屋骤然倒塌等,造成了重大的人员伤亡和财产损失,已经引起人们对于重大工程安全性的关心和重视。另外,我国有一大部分桥梁和基础设施都是在20世纪五六十年代建造的,经过这么多年的使用,它们的安全性能如何,是否对人民的生命财产安全构成威胁,这些都是亟待回答的问题。近年,地震、洪水、暴风等自然灾害也对这些建筑物和结构造成不同程度的损伤;还有一些人为的爆炸等破坏性行为,如美国世贸大楼倒塌对周围建筑物的影响。这些越来越引起人们的密切关注。

如何能在灾难到来之前对其预测,进行评估,以趋利避害,已成为人们关注的焦点。如1994年美国加州洛杉矶北岭(Northridge)和1995年日本神户(Kobe)的大地震中,一些建筑物在遭受主震后,并未立即倒塌,但结构却已受到严重损伤而未能及时发现,在后来的余震中倒塌了。

因此,对结构性能进行监测和诊断,及时地发现结构的损伤,对可能出现的灾害进行预测,评估其安全性已经成为未来工程的必然要求,也是土木工程学科发展的一个重要领域。

二、结构安全性监测的基本概念

安全性评估:通过各种可能的、结构允许的测试手段,测试其当前的工作状态,并与其临界失效状态进行比较,评价其安全等级。对于不同结构,其重要程度不同,安全等级也应该有所差别。安全性评估与可靠性不同,可靠性为一种概率,为一种可能性;而安全性评估旨在给出确定的安全等级。

健康:在土木工程中指结构或者系统能够实现其预期功能的一种状态。

健康监测:是指利用现场的、无损伤的监测方式获得结构内部信息,分析包括结构反应在内的各种特征,以便了解结构因损伤或者退化而造成的改变。人们关心的问题是,结构损伤到什么程度才能危及其安全性能。因此,健康监测的一个目标就是在这个临界点到来之前提早检测出结构的损伤,这是个实时在线监测过程。

健康诊断:是指结构在受到自然的(如地震、强风等)、人为的破坏,或者经过长时期使用后,通过测定其关键性能指标,检查其是否受到损伤,如果受到损伤,损伤位置在哪,程度如何,可否继续使用及其剩余寿命等。损伤诊断可以从很多层面上来理解,但最基本的目标是简单地确认结构是否存在损伤。这个问题的统计模式、识别模型一般是收集损伤前后系统的特征,比较新的模式是否偏离原始模式。实际上,问题很少如此简单,工作环境和条件的变化都影响测得的信号。在此情况下,正常的工作范围很广,不能简单地因为环境的变化而认为有损伤。一般有两种方式来考察环境的变化:一种是可以测出分别与环境和工作条件相关的量,参数化正常的工作条件;另一种方式是采用数据正规化技术,如搜寻技术和自回归神经网络技术,用于区分环境工作条件变化和损伤的影响。

三、结构安全性监测系统组成

结构安全性评估是基于健康监测和诊断的基础上,而健康诊断对于已经安装了监测系统的工程,只是监测系统的一部分。对于未安装监测系统的工程,仅需要在结构的各部分临时布设传感器进行测量,其余过程与监测系统基本相同。因此,下面主要介绍健康监测系统。一般认为健康监测系统应包括下列几部分:

(1) 传感器系统,包括感知元件的选择和传感器网络在结构中的布置方案。

(2) 数据采集和分析系统,一般由强大的计算机系统组成。

(3) 监控中心,能够及时预测结构的异常行为。

(4) 实现诊断功能的各种软硬件,包括结构中损伤位置、程度类型识别的最佳判据。

传感器监测的实时信号通过信号采集装置送到监控中心,经处理和判断,从而对结构的健康状态进行评估。若出现异常,由监控中心发出预警信号,并由故障诊断模块分析查明异常原因,以便系统安全可靠地运行。

大量的系统分模块和子系统构建了健康监测系统,其中涉及许多功能的软件和硬件系统。建筑结构资料的采集技术是通过不同软硬件进行测算的,此举可以保证数据的准确性,并使整个系统形成网络并同时进行远程监控。

用户界面子系统是结构健康监测及综合管理系统用户使用的最终端产品,是结构健康监测子系统、数据库子系统、数据采集子系统及其他边界子系统的集成界面,为用户提供一个友好的、一致的、易学的、易用的、美观的、分布式的操作平台,把整个系统有机地结合起来。

子系统主要通过集成各子系统的功能,为用户提供统一的操作界面,通过图形的方式向用户展示需求分析中所列举的信息,实现分布式、远程访问的方法与功能。

系统形成后的资料将通过报表的形式即时直观地体现出来,用户直接通过系统提供的数据对月度、季度乃至年度的建筑结构安全进行有效的信息安全评价。用户可以通过系统获得的数据决定对建筑结构实施维修、养护等措施。

四、健康检测和诊断系统的应用

由于监测系统的成本高,我国目前仅在一些大跨桥上安装使用。上海徐浦大桥结构状态监测系统包括测量车辆荷载、温度、挠度、应变、主梁振动和斜拉索振动 6 个子系统。香港青马大桥健康监测系统有约 800 个永久性传感器用于监测桥的损伤。香港汲水门大桥和香港汀九大桥也安装了类似的系统。

国际上,尤其是日本、美国和德国,健康监测系统在土木工程中应用相对较多,已经扩展到大型混凝土工程、高层建筑等复杂系统的监测。日本在一幢允许一定程度损伤的大楼上安装了健康监测系统。该大楼安装有阻尼缓冲板,在经过一次较大规模的地震后增设 FBG

光纤传感器,用以监测结构的完整性和大楼的地震反应。实测结果表明,该系统工作良好。德国在柏林莱特火车站大楼安装了健康监测系统,该火车站位于柏林的市中心,有一个由几千个玻璃方格组成的屋顶,要求相邻支柱的垂直位移差不超过 10 mm。德国的施维辛格等设计和利用特制卡车测试 250 多座混凝土桥,从 2001 年 3 月开始,使用载质量可达 150 t 的测试卡车 Belfa,测试方便灵活,所需时间短。意大利一个著名教堂安装了健康监测系统,该教堂坐落在意大利北部的靠莫湖畔,是一处重要的历史文化遗产,近年由于城市交通流量的增加和湖面的变化导致了教堂的损坏,因此设计了长期监测系统。瑞士西根塔尔混凝土桥在建设过程中安装了健康监测系统,采用 58 个光纤变形传感器、2 个倾角仪、8 个温度传感器用于监测在建设过程中和以后长期的变形、屈曲和位移。美国迈克尔等研究了振动板在压实土壤时的健康监测系统,土压实时,振动压实器(滚轮或者板)与土壤共同组成一个耦合的动态系统,随着土壤的逐渐密实,土壤的机械特性发生改变,因而压实器的动态反应也会改变。通过安装在板上和埋入土壤中的传感器测得的振动数据分析,可以得到幅值和频率的变化,从而分析土壤的密实程度和性质变化。罗伯特等开展了轻轨架空水泥结构的监测,测试了 8 个轨段在不同条件下,如建设时逐渐增加载荷、移动火车载荷等的在线监视和结构健康诊断系统。

五、存在的问题及发展方向

本节介绍了土木工程结构的安全性评估、健康监测和诊断的概念、理论、方法以及现状,重点讨论了传感器的优化布置、损伤识别等健康监测中的关键问题。综观土木工程结构安全性评估、健康监测及诊断的发展水平,至少有以下几个尚待解决的问题:

(1) 缺少通用的损伤量化指标。在基于振动的故障诊断和预测中,要求不论信号的来源和频段,经过信号处理后,原始状态的信号(健康状态)和损伤后的信号(损伤状态)应有明显的差异,即识别出的信号特征能够准确地表示出健康状态和损伤状态。因此,应该设计一种损伤尺度,将结构损伤与否和损伤的程度简单地分级量化。

(2) 诊断系统的两个主要问题是高成本和信号处理的不准确性。第一个问题随着无线网络和通信的发展已不那么突出;第二个问题是现在都假定噪声信号为不变的高斯分布而且感兴趣的信号都有确定的频率,但实际上并非如此,感兴趣的信号频率范围很宽,而且是在一个非理想的变化环境中得到的,如何解决这个问题将成为未来发展的重点。

(3) 由于大型复杂结构实际上都是非线性的,因而神经网络和遗传算法在结构的健康检测和诊断方面具有不可估量的应用前景。小波分析由于有刻画细节的能力,在数据的处理方面也具有一定的优势。

(4) 健康诊断作为土木基础设施系统管理的一部分,越来越受到人们的重视。灾难减轻包括准备好应付各种自然和人为的灾害,同时也确保在灾害过后的一段时间内部分土木基础设施系统可用,我们也应该开展这类范围更广的土木基础设施管理的研究。

第五节　大体积混凝土光纤传感测温监控技术

分布式光纤温度传感器,通常用在检测空间温度分布的系统。其原理最早于 1981 年提出,后随着科学家的实验研究,最终研制出了此项技术。这种传感器原理是基于三种传感器的研究,分别是瑞利散射、布里渊散射和拉曼散射。在瑞利散射和布里渊散射的研究上已取得了很大的进展,因此未来的传感器研究热点,将放在对基于拉曼散射的新分布式光纤传感器的研究上。中国计量大学 1997 年发明出煤矿温度检测的传感器系统,其检测温度为－49～150 ℃,温度分辨率为 0.1 ℃。

光纤温度传感器的种类很多,除了荧光和分布式光纤温度传感器外,还有光纤光栅温度传感器、干涉型光纤温度传感器以及基于弯曲损耗的光纤温度传感器等,由于其种类很多,应用发展也很广泛,例如,应用于电力系统、建筑业、航空航天业以及海洋开发领域等。

一、应用背景

大体积混凝土浇筑后,在凝固的过程中会有热量释放;在运营期间,也会随着环境的改变发生温度的上升、下降。当温度上升过程中表面拉应力或降温过程中收缩应力超过混凝土的极限抗拉强度时,混凝土结构会产生裂缝,形成防渗、耐久性甚至安全隐患,严重者会造成结构破坏。因此,温度监测是混凝土结构健康监测的一个重要内容,在施工期间应采取相应措施控制混凝土内的温度,避免在混凝土结构中产生有害裂缝。施工完成后的运营期间,温度场监测是大体积混凝土结构安全监测的主要任务之一。

二、工作原理

光纤温度传感器是一种利用部分物质吸收的光谱随温度变化而变化的原理,通过分析光纤传输的光谱了解实时温度的传感装置,主要材料有光纤、光谱分析仪、透明晶体等,分为分布式、光纤荧光温度传感器。

光纤温度传感器采用一种和光纤折射率相匹配的高分子温敏材料涂覆在 2 根熔接在一起的光纤外面,使光能由一根光纤输入该反射面从另一根光纤输出。由于这种新型温敏材料受温度影响,折射率发生变化,因此输出的光功率与温度呈函数关系。其物理本质是利用光纤中传输的光波的特征参量,如振幅、相位、偏振态、波长和模式等,对外界环境因素如温度、压力、辐射等具有敏感特性。它属于非接触式测温。

光纤传感器采用的原理、结构、式样最多,其潜在的优点是测量精度高、抗电磁干扰、安全防爆、可绕性好。

三、系统组成

目前监测大坝温度通常使用埋地温度计。虽然这种方法在单点温度测量中具有相当高的精度,但其制约因素也多,已不满足当下信息化技术的发展要求。

大体积混凝土施工温度监测系统,将温度传感器埋入混凝土内,通过终端监测设备监测混凝土内部各段的温度状况,将数据发送给后台查询系统。施工管理人员登录指定网站可实时查询各基点温度。系统能满足冬季施工大体积混凝土测温的要求,能使测温人员及时掌握混凝土内外温差及温度应力,以便及时调整保温措施,调整养护时间。当不满足要求的技术参数时,系统会自动报警提醒。

该监测系统在不影响测温效果的前提下,将连接测温探头的导线做到最细,以防对施工质量造成影响。终端监测设备能同时监测多点的温度,只增加测温探头即可,不需增加终端监测设备。该监测系统能准确监测出底板大体积混凝土养护时的温度并生成历史温度曲线,在不满足大体积混凝土要求的技术参数时,进行报警提示。该系统的应用能精确反映温度情况,进而调整养护措施,做到保证大体积混凝土的冬季施工质量,减少测温人员的工作量。

四、小结

系统采用光纤作为敏感信息传感和信号传输的载体,具有连续测温、分布式测温、实时测温、抗电磁干扰、本质安全、远程监控、高灵敏度、安装简便、长寿命等特点,广泛应用于市政综合管廊、管道、隧道、电缆、石油石化、煤矿等行业。

在电力系统行业的应用:由于电力电缆温度、高压配电设备内部温度、发电厂环境的温度等,都需要使用光纤传感器进行测量,因此促进了光纤传感器在电力系统行业应用的不断完善和发展。尤其是分布式光纤温度传感器得到了改善,经过在电力系统行业的应用,从而使其接收信号和处理检测系统的能力都得到了提升。

在建筑业的应用:光纤光栅温度传感器由于其较高的分辨率和测量范围广泛等优点,被广泛应用于建筑业温度测量工作中。西方很多国家都已普遍采用此系统,进行建筑物的温度、位移等安全指标的测试工作,例如,美国、墨西哥使用光栅温度传感器,对高速公路上桥梁的温度进行检测。通过广泛使用,光栅温度传感器所存在的问题,如交叉敏感的消除、光纤光栅的封装等都得到了解决,因而光纤传感测温监控技术得到了完善。

第四章 施工现场远程监控管理与工程远程验收

利用远程数字视频监控系统和基于射频技术的非接触式技术与通信技术对工程现场施工情况及人员进出场情况进行实时监控,通过信息化手段实现对工程的监控和管理。

第一节 视频监控系统基本组成

视频监控一直是人们关注的应用技术热点,它以直观方便、信息内容丰富而被广泛应用于许多场合。相关标准主要有:

《民用建筑电气设计规范》(JGJ 16—2008)。

《视频安防监控系统工程设计规范》(GB 50395—2007)。

《民用闭路监视电视系统工程技术规范》(GB 50198—2011)。

《安全防范工程技术标准》(GB 50348—2018)。

视频监控系统一般由前端摄像设备、传输部件、控制设备和显示记录设备等4个主要部分组成。系统可以简单分为黑白、彩色两类系统;现在一般按照传输的信号形式分为数字、模拟视频监控系统,目前数字视频监控是主流。

数字视频监控系统(图4-1)灵活性较好,可基于客户端软件或者浏览器进行监控;传输采用通用数据网络,采用 TCP/IP 协议;布线简单,尤其是采用 POE(并行操作环境)技术的数字视频监控系统;因应用层协议等原因,网络摄像机、视频服务器、NVR(网络硬盘录相机)需要考虑兼容的问题,一般采用一个厂家的产品。

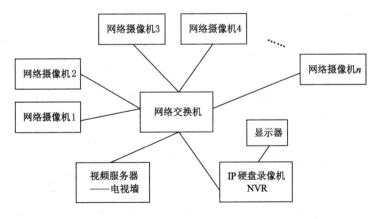

图 4-1 数字视频监控系统示意图

首先应该根据业主和工程实际需要确定视频监控系统的形式(模拟或者数字),然后按照系统组成,确定各个部分的具体配置。

一、前端摄像部分

前端摄像部分的主要技术指标和基本参数示例可见表 4-1。

表 4-1 前端摄像部分主要技术指标和基本参数(示例)

传感器类型	传感器尺寸(如 1/3 in)、传感器种类(CCD、CMOS)
信号系统	PAL、NTSC 两种格式
有效像素	PAL:976(水平)×582(垂直) NTSC:976(水平)×494(垂直)
最低照度	彩色:0.001 Lux@(F1.2,AGCON),0.000 1 Lux@(F1.2,AGCON,感光度×512) 黑白:0.000 1 Lux@(F1.2,AGCON),0.000 01 Lux@(F1.2,AGCON,感光度×512)
快门	1/50(1/60)s 至 1/100 000 s
镜头接口类型	C/CS 接口
自动光圈	DC/Video 驱动
日夜转换模式	ICR 红外滤片式
水平解析度	700 TVL
同步方式	内同步/电源同步
视频输出	1Vp-p Composite Output(75 Ω/BNC)
信噪比	大于 62 dB

1. 摄像机的选择

(1) 应选用 CCD 摄像机。彩色摄像机的水平清晰度应在 330 TVL 以上,黑白摄像机的水平清晰度应在 420 TVL 以上。

(2) 摄像机信噪比不应低于 46 dB。

(3) 摄像机应安装在监视目标附近,且不易受外界损伤的地方。摄像机镜头应避免强光直射,宜顺光源方向对准监视目标。当必须逆光安装时,应选用带背景光处理的摄像机,并应采取措施降低监视区域的明暗对比度。

(4) 监视场所的最低环境照度,应高于摄像机要求最低照度(灵敏度)的 10 倍。典型环境照度参考值可见表 4-2。

表 4-2 典型环境照度参考值

光线条件	晴天	阴天	日出/日落	曙光
照度范围	$3\times10^4\sim10^5$	$3\times10^3\sim10^4$	2×10^2	5

光线条件	星光	阴暗的晚上	月圆
照度范围	$7\times10^{-4}\sim3\times10^{-3}$	$2\times10^{-5}\sim2\times10^{-4}$	$3\times10^{-2}\sim3\times10^{-1}$

(5) 设置在室外或环境照度较低的彩色摄像机,其灵敏度不应大于 1.0 Lux,或选用在低照度时能自动转换为黑白图像的彩色摄像机。

（6）被监视场所照度低于所采用摄像机要求的最低照度时,应在摄像机防护罩上或附近加装辅助照明设施。室外安装的摄像机,宜加装对大雾透射力强的灯具。

（7）宜优先选用定焦距、定方向固定安装的摄像机,必要时可采用变焦镜头摄像机。

（8）应根据摄像机所安装的环境、监视要求配置适当的云台、防护罩。安装在室外的摄像机,必须加装适当功能的防护罩。

2.摄像机镜头的选择

（1）镜头的焦距应根据视场大小和镜头与监视目标的距离确定,并按下式计算：

$$F = \frac{A \cdot L}{H}$$

式中　F——焦距,mm;

　　　A——像场高,mm;

　　　L——物距,mm;

　　　H——视场高,mm。

监视视野狭长的区域,可选择视角在 40°以内的长焦（望远）镜头;监视目标视距小而视角较大时,可选择视角在 55°以上的广角镜头;景深大、视角范围广且被监视目标移动时,宜选择变焦距镜头;有隐蔽要求或特殊功能要求时,可选择针孔镜头或棱镜头。

（2）在光照度变化范围相差 100 倍以上的场所,应选择自动或电动光圈镜头。

（3）当有遥控要求时,可选择具有聚焦、光圈、变焦遥控功能的镜头。

（4）镜头接口应与摄像机的工业接口一致。

（5）镜头规格应与摄像机 CCD 靶面规格一致。

3.网络摄像机的选择

网络摄像机的选择还需要考虑下列因素：是否具有 PoE 功能、Wi-Fi 功能（802.11b/802.11 g/802.11 n)等。网络摄像机典型参数见表 4-3。

表 4-3　网络摄像机典型参数

视频压缩标准	H.264/MPEG4/MJPEG 等
压缩输出码率	如 32 kbit/s～8 Mbit/s
音频压缩标准	G.711 等
存储功能	SD/SDHC、NAS
智能报警	移动侦测、网线断、IP 地址冲突、存储器满、存储器错
支持协议	TCP/IP、HTTP、DHCP、DNS、DDNS、RTP/RTSP、PPPoE、SMTP、NTP 等

4.附件及安装

（1）根据工作环境应选配相应的摄像机防护套。防护套可根据需要设置调温控制系统和遥控雨刷等。

（2）固定摄像机在特定部位上的支承装置,可采用摄像机托架或云台。当一台摄像机需要监视多个不同方向的场景时,应配置自动调焦装置和遥控电动云台。

（3）摄像机需要隐蔽时,可设置在天花板或墙壁内,镜头可采用针孔或棱镜镜头。对防盗用的系统,可装设附加的外部传感器与系统组合,进行联动报警。

（4）监视水下目标的系统设备，应采用高灵敏度摄像管和密闭耐压、防水防护套，以及渗水报警装置。

（5）摄像机安装距地高度，在室内宜为 2.2～5 m，在室外宜为 3.5～10 m。

（6）电梯轿厢内设置摄像机，应安装在电梯厢门左侧或右侧上角。

（7）电梯轿厢内设置摄像机时，视频信号电缆应选用屏蔽性能好的电梯专用电缆。

二、传输部分

传输方式的选择应根据系统规模、系统功能、现场环境和管理方式综合考虑，宜采用专用有线传输方式，必要时可采用无线传输方式。采用专用有线传输方式时，传输介质宜选用同轴电缆。当长距离传输或在强电磁干扰环境下传输时，应采用光缆。电梯轿厢的视频电缆应选用电梯专用视频电缆。

1. 数字视频监控系统的信号传输

当采用全数字视频安防监控系统时，宜采用综合布线对绞电缆；数字视频监控系统的信号传输网络参照通用数据网络的要求。

2. 电、光缆的选择

（1）控制信号电缆应采用铜芯，其芯线的截面积在满足技术要求的前提下，不应小于 0.50 mm²。穿导管敷设的电缆的横截面积不应小于 0.75 mm²。

（2）电源线所采用的铜芯绝缘电线、电缆芯线的截面积不应小于 1.0 mm²，耐压不应低于 300/500 V。

（3）光缆的选择应满足衰减、带宽、温度特性、物理特性、防潮等要求。

（4）双绞线的选择应符合《综合布线系统工程设计规范》（GB 50311—2016）的要求。

3. 光缆外护层的选择

（1）当光缆采用管道、架空敷设时，宜采用铝-聚乙烯黏结护层。

（2）当光缆采用直埋时，宜采用充油膏铝塑黏结加铠装聚乙烯外护套。

（3）当光缆在室内敷设时，宜采用聚氯乙烯外护套，或其他塑料阻燃护套。当采用聚乙烯护套时，应采取有效的防火措施。

（4）当光缆在水下敷设时，应采用铝塑黏结（或铝套、铅套、钢套）钢丝铠装聚乙烯外护套。

（5）无金属的光缆线路，应采用聚乙烯外护套或纤维增强塑料护层。

解码箱、光部件在室外使用时，应具有良好的密闭防水结构。光缆接头应设接头护套，并应采取防水、防潮、防腐蚀措施。

4. 传输线路路由设计

路由应短捷、安全可靠、施工维护方便；应避开恶劣环境条件或易使管线损伤的地段；与其他管线等障碍物不宜交叉跨越。

5. 室外传输线路的敷设

（1）当采用通信管道（含隧道、槽道）敷设时，不宜与通信电缆共管孔。

（2）当电缆与其他线路共沟（隧道）敷设时，其最小间距应符合表4-4的规定。

（3）当采用架空电缆与其他线路共杆架设时，其两线间最小垂直间距应符合表4-5的规定。

表 4-4　电缆与其他线路共沟(隧道)的最小间距

种类	最小间距/m
220 V 交流供电线	0.5
通信电缆	0.1

表 4-5　电缆与其他线路共杆架设的最小垂直间距

种类	最小垂直间距/m
1～10 kV 电力线	2.5
1 kV 以下电力线	1.5
广播线	1.0
通信线	0.6

(4)线路在城市郊区、乡村敷设时,可采用直埋敷设方式。

(5)当线路敷设经过建筑物时,可采用沿墙敷设方式。

(6)当线路跨越河流时,应采用桥上管道或槽道敷设方式;当没有桥梁时,可采用架空敷设方式或水下敷设方式。

6. 室内传输线路敷设方式

(1)无机械损伤的建筑物内的电(光)缆线路,或扩建、改建工程,可采用沿墙明敷方式。

(2)在要求管线隐蔽或新建的建筑物内可用暗管敷设方式。

(3)对下列情况可采用明管配线:易受外界损伤;在线路路由上,其他管线和障碍物较多,不宜明敷的线路;在易受电磁干扰或易燃易爆等危险场所。

(4)电缆与电力线平行或交叉敷设时,其间距不得小于 0.3 m;与通信线平行或交叉敷设时,其间距不得小于 0.1 m。

同轴电缆宜采取穿管暗敷或线槽的敷设方式。当线路附近有强电磁场干扰时,电缆应在金属管内穿过,并埋入地下。当必须采取架空敷设时,应采取防干扰措施。

三、显示记录设备

1. 显示设备的选择

(1)显示设备可采用专业监视器、电视接收机、大屏幕投影、背投或电视墙。一个视频安防监控系统至少应配置一台显示设备。

(2)宜采用 12～25 in 监视器,最佳视距宜在 5～8 倍显示屏尺寸之间。

(3)宜选用比摄像机清晰度高一档(100 TVL)的监视器。

(4)显示设备的配置数量,应满足现场摄像机数量和管理使用的要求,合理确定视频输入、输出的配比关系。

(5)电梯轿厢内摄像机的视频信号,宜与电梯运行楼层字符叠加,实时显示电梯运行信息。

(6)当多个连续监视点有长时间录像要求时,宜选用多画面处理器(分割器)或数字硬盘录像设备。当一路视频信号需要送到多个图像显示或记录设备上时,宜选用视频分配器。

2. 记录设备的配备与功能

(1) 录像设备输入、输出信号,视、音频指标均应与整个系统的技术指标相适应。一个视频安防监控系统,至少应配备一台录像设备。

(2) 录像设备应具有自动录像功能和报警联动实时录像功能,并可显示日期、时间及摄像机位置编码。

(3) 当具有长时间记录、即时分析等功能要求时,宜选用数字硬盘录像设备;小规模视频安防监控系统可直接以其作为控制主机。

(4) 数字硬盘录像设备应选用技术成熟、性能稳定可靠的产品,并应具有同步记录与回放、宕机自动恢复等功能。对于重要场所,每路记录速度不宜小于 25 帧/s;对于其他场所,每路记录速度不应小于 6 帧/s。

(5) 数字硬盘录像机硬盘容量可根据录像质量要求、信号压缩方式及保存时间确定。

(6) 与入侵报警系统联动的监控系统,宜单独配备相应的图像记录设备。

3. 常用图像记录设备

全数字系统网络硬盘录像机(NVR),其主要参数有网络输入通道数、支持的画质质量、支持的存储容量及其他。各种录像画质与占用硬盘空间对比数据可见表 4-6。

表 4-6 各种录像画质与占用硬盘空间对比数据(H. 264 压缩)　　　　单位:MB/h

录制内容	CIF 画质	Half-D1 画质	D. CIF 画质	D1 画质
一般活动	25～200	60～430	50～400	110～800
复杂/剧烈活动	50～250	150～680	150～680	190～900
夜间/光线较暗	25～150	130～380	90～280	190～500

四、控制设备

系统的主控设备应具有下列控制功能:

(1) 对摄像机等前端设备的控制。

(2) 图像显示任意编程及手动、自动切换。

(3) 图像显示应具有摄像机位置编码、时间、日期等信息。

(4) 对图像记录设备的控制。

(5) 支持必要的联动控制;当报警发生时,应对报警现场的图像或声音进行复核,并自动切换到指定的监视器上显示和自动实时录像。

(6) 具有视频报警功能的监控设备,应具备多路报警显示和画面定格功能,并任意设定视频警戒区域。

(7) 视频安防监控系统,宜具有多级主机(主控、分控)功能。

五、供电与接地

前端摄像机、解码器等,宜由控制中心专线集中供电。前端摄像设备距控制中心较远时,可就地供电。就地供电时,当控制系统采用电源同步方式,应是与主控设备为同相位的可靠电源。

系统的接地,宜采用一点接地方式。接地母线应采用铜质线。接地线不得形成封闭回路,不得与强电的电网零线短接或混接。系统采用专用接地装置时,其接地电阻不得大于 4 Ω;采用综合接地网时,其接地电阻不得大于 1 Ω。

六、注意事项

距离问题:无论采用同轴电缆还是双绞线,都有最大传输距离;如超过,则需要采取措施解决。

供电:对于距监控中心距离较远的摄像机,可就近供电,数字系统如采用 POE 供电(以太网供电)需要注意与交换机配合。

低照度环境:采用低照度摄像机或者带有红外功能的摄像机。

逆光:选用带背景光处理的摄像机,并采取措施降低监视区域的明暗对比度。

大对比度环境:选用宽动态摄像机。当需要监听声音时,需配置声音采集、传输、监听设备。

POE 供电:供电半径较小,交换机需要考虑供电功能(单独增加),一般不支持云台和大功率的红外灯。

联动:数字系统联动接口一般在前端摄像机上,模拟系统联动接口一般在硬盘录像机处。

第二节　施工现场的远程监控管理

一、建筑工程现场人员智能化管理

1. 智能化门禁子系统

门禁系统可实现员工上下班考勤刷卡、数据采集及记录、信息查询和考勤统计等主要功能。门禁系统以嵌入员工安全帽内的无源 RFID 为基础,结合人脸识别技术、自动控制技术、计算机技术、无线通信技术,提供一套切实可行、安全可靠、经济高效的管理方案。当施工人员进出工地时,无须主动刷卡,系统将通过超高频(UHF)读写器自动识别和采集通过人员的信息,并自动把人员的基本信息、工地内的人员统计信息显示在监视屏幕上。

2. 特殊工种监管子系统

通过在电梯、塔式起重机操作室等操作点安装读卡器,辅以人脸识别技术,当佩戴安全帽的施工人员进入操作室时,把读取的相关信息传输到项目部中央数据服务器,实现对电梯内实时人员数量、电梯操作员、塔式起重机司机在岗情况、是否为授权的操作员、上岗持续时间进行掌握。在塔式起重机司机、信号工、保安等人员使用时,系统有人脸识别功能,系统指定的电梯、塔式起重机司机才具备操作权限;也可以设置特殊工种的操作时间,防止疲劳驾驶;对于安保应用,能够监督保安的工作,进而确保项目的安全。

二、综合环境监测系统

综合环境监测系统可对整个施工地点及周围环境提供有效可靠的监测数据,方便施工人员管理,为施工提供实时环境数据参考。综合环境监测系统是一种能自动地观测和存储观测数据的设备,随着环境要素值的变化,能监测出各个气象要素值。系统对风向、风速、雨量、气温、粉尘、噪声、光照强度等要素同时进行现场监测。数据采集频率可设定,如每分钟采集并存储一组观测数据,为施工管理、安全决策提供数据支撑。

三、物资进场验收系统

根据项目施工总进度计划,根据项目的实时进度,确定项目物资(如钢筋等)需求用量,材料进场验收中使用验收系统,提高材料员的工作效率及准确性。以钢筋进场验收为例,物资进场验收系统能方便地完成钢筋进场清点工作:钢筋进场时,对钢材端部喷涂闪光银色油漆,增强图像的对比度;然后在灯光照射下用 CCD 摄像头或数码相机进行端部摄像;图像传送至综合业务平台后,经过处理与识别,最后显示出该捆钢筋中的钢材根数。

四、大型设备安全监视系统

对于顶模及动臂式塔式起重机等危险性较大的机械设备,采用物联网技术,对相关设备进行安全监控,自动监测工作偏差和起重机的下沉、倾斜等关键参数。

对试顶升过程中的油缸、油路及同步情况和伸缩牛腿的协调的监测,以及在顶升过程中的监控、顶升后支撑牛腿就位情况的监测,如果超出允许范围即报警提醒。

对动臂式塔式起重机进行监测,主要对最上一道附着以下塔身垂直度的监测以及下沉的监测,不能超过允许误差,在程序内输入误差值,当达到某一误差时,即发生报警。

五、与 BIM 技术的结合

通过人员、材料、物资、进度的综合监管应用,最终将物联网技术与 BIM 工作平台进行有效对接,并实现现场可视化、智能化闭环综合管理。物联网是城市发展通向智能化的桥梁,对促进城市管理信息化、自动化,有效解决城市中遇到的问题意义重大。物联网的技术综合应用到建筑工程管理中将为城市的信息化带来推进作用,将是建筑工程物联网应用的一次变革。

六、小结

1. 施工现场的远程监控管理,有利于实现施工作业的系统管理

土木工程的产品是固定的,而生产活动是流动的,这就构成了建筑施工中空间布置与时间排列的主要矛盾。加上又受建筑施工生产周期长、综合性强、技术间歇性强、露天作业多、受自然条件影响大和工程性质复杂等方面的影响,施工任务往往由不同专业的施工单位和不同工种的工人、使用各种不同的建筑材料和施工机械来共同完成,其协作配合关系亦较复杂,这就进一步增加了建筑施工矛盾的复杂性。要想顺利地进行施工,就必须强化施工的组织工作。

一个大型的建设项目往往由很多的分项工程组成。进行施工的组织管理时,如能采用物联网技术制订并实施网络计划,既可以充分利用空间,又可以争取时间,保证各工作队能够连续作业,不至于产生"窝工"等现象。网络计划技术是指用网络图表示计划中的各项工作之间的相互制约和依赖关系,在此基础上,通过各种计算和分析寻求最优化计划方案的实用计划管理技术。将网络计划技术运用于工程建设活动的组织管理中,不仅要解决计划的

编制问题,而且更重要的是要解决计划执行过程中的各种动态管理问题。基于射频识别(RFID)技术以及无线传感器网络(WSN)的物联网技术一方面可以广泛地收集信息,并通过传感网和互联网输送到计算中心综合处理,以达到构建网络和统筹全局安排的目的;另一方面,又能及时地获得施工现场人员、机械和施工环境的动态信息,对网络进行优化,并及时进行指导和控制,使人员和机械的配置更加合理,从而达到管理的优化。

2. 有利于提高施工质量

土建施工规模大、工期长,整体施工质量很难得到保证,一旦出现失误,就会造成重大的经济损失。运用物联网技术能够把各种机械、材料、建筑体通过传感网和局域网进行系统处理和控制,同步监控土建施工的各个分项工程,严格保证了施工质量。物联网技术对施工质量的意义主要体现在以下几个方面:

(1)精确定位。定位和放线工作是进行施工的首要步骤,其精确程度直接决定了施工质量能否达标。传统的施工定位主要是使用一些光学仪器和简单的测量设备,其精度较低,容易产生累加误差。通过物联网定位技术,可以快捷测得待定位点附近事物的局域坐标,并依此进行定位。

(2)保证材料质量。材料(包括原材料、成品、半成品、构配件)质量是整个工程质量的保证,只有材料质量达标,工程质量才能符合标准。基于物联网技术的建筑原材料供应系统以微电子芯片作为数据载体,将其安装到建筑原材料包装上,可以通过无线电波进行数据通信。微电子芯片可以给予任何物品唯一的编码,并且,射频技术可突破条形码必须近距离直视才能识别的缺点,无须打开商品包装或隔着障碍物即可识别,并可进行批量识别,商品一旦进入射频识别的有效区域,就可以立即被识别并转化成数字化信息。同时,还能对基于物联网技术的建筑原材料供应链全过程进行实时监控和透明管理,随时获取商品信息,提高自动化程度,使供应链管理更加透明,并实现智能化供应链管理。

(3)环境控制。影响工程质量的环境因素主要有温度、湿度、水文、气象和地质等,各种环境因素会对工程质量产生复杂多变的影响。散布于施工场地的各种传感器能将这些环境因素的变化及时传输到处理中心,并向管理人员提供警示,为管理人员采取防御措施争取宝贵的时间。

(4)对受损构件进行修复补救。在施工时将 RFID 标签安装到构件上,可以对各个构件的内部应力、变形、裂缝等变化实时监控。一旦发生异常,可及时进行修复和补救,最大限度地保证施工质量。

3. 有利于保证施工安全

改革开放以来,随着建筑业的高速发展,施工事故也频繁发生,每年建筑施工的伤亡人数在各个行业中仅次于采矿业和交通业。施工伤亡事故无情地夺去了无数建设者的生命,也给国家和企业造成了重大的经济损失,对建筑业的可持续发展和社会稳定构成了不小的压力,造成了不良的影响。安全问题贯穿于工程建设的整个过程,影响施工安全的因素错综复杂,管理的不规范和技术的不成熟等问题都有可能导致施工安全问题。物联网技术主要可以从以下几个方面减少事故的发生,保证施工安全:

(1)生产管理系统化。即通过射频识别技术对人员和车辆的出入进行控制,保证人员和车辆出入的安全。通过对人员和机械的网络管理,使之各就其位、各尽其用,防止安全事故的发生。

（2）安防监控与自动报警。无线传感网络中节点内置的不同传感器,能够对当前状态进行识别,并把非电量信号转变成电信号,向外传递。通过集成不同模式的无线通信协议,信息可以在无线局域网、蓝牙、广播电视、卫星通信等网络之间相互漫游,从而达到更大地域范围的网络连接。云计算技术的发展与物联网的规模化相得益彰。自动报警系统网络逐步规模化,数据会变得异常庞大,通过运用云计算技术,可以在数秒之内达成处理数以千万计甚至亿计信息的目的,可对物体实现智能化的控制和管理。

（3）设备监控。即把感应器嵌入塔吊、电梯、脚手架等机械设备中,通过对其内部应力、振动频率、温度、变形等参量变化的测量和传导,从而对设备进行实时监控,以保证操作人员以及其他相关人员的安全。

4. 具有可观的经济效益

当前,建筑市场十分火热,越来越多的企业投入施工建设行业当中。提高企业的经济效益不仅意味着盈利的增加和企业竞争力的提高,也有利于国民经济和社会的发展。物联网技术在建筑行业的应用,必将大大提高生产效率,进而提高企业的经济效益。

（1）材料成本的降低。材料成本在工程预算中占有很大的比重。通过采用 RFID 技术对材料进行编码,实现建筑原材料供应链的透明管理,可以便于消费单位选取最合适的材料,省去中间环节,减少材料的浪费。在物联网技术的支持下,材料成本可以达到最大程度的控制。

（2）提高效率,节约时间。物联网技术可以实现对人和机械的系统化管理,使得施工过程井井有条,有效地缩短了工期。另外,管理的优化可以大大地节约人力成本和租用机械的费用,对提高经济效益也有很大的帮助。

（3）及时补救和维护。基于物联网的监控技术,可以从源头上发现建筑构件的错误和缺陷并及时补救,从而避免造成更大的经济损失。

第三节　工程的远程验收

复杂建筑工程的施工技术难点多,施工现场情况复杂,经常需要业主、监理等对建造质量采用联合检查、验收。为了保证检查人员的安全和节省验收时间,保证验收质量,可采用远程工程质量验收系统完成该工作。其主要功能点与特色有:

（1）验收专家无须去现场,满足多部门协同进行现场工程质量验收的需要,并确保多方人员的安全;

（2）为确保工程的检查、验收质量,配置远程多媒体信息（声音、文字、图像等）交互功能;

（3）具有边检查验收、边记录,验收文件自动电子化存档等功能;

（4）可随时查阅历史记录,存档的验收文件可打印、输出,但不可修订、变更等。

一、远程工程质量验收系统概况

远程工程质量验收系统（以下简称远程验收系统）是一个集测量、传感、音视频采集设备、网络传输、视频控制、报表处理、图档处理和文件资料处理于一体的综合系统。

远程验收系统的视频采集与一般现场监控的区别在于:不仅摄像机是移动的,而且对图像质量的要求非常高。采取什么方式将移动摄像机拍摄的图像,高质量地、实时地传输到验收控制中心,是视频采集和传输的关键。

验收控制中心配有大屏幕,验收时可以观察验收现场的视频信息,可以控制摄像机对验收部位进行拍照和录像。验收相关人员可以结合现场图像对现场人员进行调度,现场人员也可以通过便携式电脑同步看到验收的画面,便于迅速移动位置。在验收过程中可以调用相应的电子图纸和知识库中的规范等相关知识作为验收参考,最终形成意见一致的验收报告。验收报告和相应的图纸、照片、录像及验收人员姓名、签字等一起存档到本系统的数据库中,可以随时查看和打印,但不能更改或修订。

二、远程验收系统组成

工程项目远程验收系统主要由远程监控和视频采集子系统、图档管理子系统、验收报表子系统、多媒体交互子系统、知识中心子系统以及验收资料的保存和查阅等子系统组成,是视频技术、网络技术以及软件系统的整合集成。

1. 远程监控与视频采集子系统

远程监控与视频采集子系统是整个系统的视频数据来源,是系统的网络传输和硬件部分。其功能是将建筑工程现场的局部细节以及施工面的视频图像实时记录在视频媒体介质上,通过网络将实时采集的视频图像传输到远程质量验收管理系统中。该子系统具有视频采集、传输管理、应用存储、远程访问管理、质量验收应用等具体功能。

2. 图档管理子系统

将施工用的图纸事先通过图档管理子系统输入远程验收系统的数据库中,完成对工程相关图纸(主要是电子图纸)的管理,通过系统可以完成电子图纸的导入和管理,并进行图纸管理和整个验收系统的集成。用"查找图档"打开与验收资料相关的图纸,可以对图纸进行缩放和移动,可以对验收的部位加标识(红圈)或文字说明,可以选取图纸的局部插入验收报表中,还可实现在远程验收时随时调出相应的图纸作为验收参考和备案依据的功能。

3. 验收报表子系统

验收报表子系统主要用来处理相应的验收报表,实现报表的维护、填写等功能,并实现本分系统和整个远程验收系统的集成和其他分系统的交互。

验收报表子系统按照《建设工程监理规范》(GB/T 50319—2013)、《建筑工程施工质量验收统一标准》(GB 50300—2013)、《建设工程文件归档规范》(GB/T 50328—2014)等各项规范规定,包括国家和地方相应的法律法规和标准规定的标准性报表,并可根据企业和工程特点自定义项目报表,满足现场报表的需要。数据填写主要是填写验收报表,验收系统是围绕着快速生成验收报表而工作的。报表中包括验收位置、日期、气象条件、照片、录像、图纸、验收结论和参加验收各方的电子签名等。

为保证质量验收数据的严肃性,对于已输入报表中的内容,不论是文字、图纸、照片和录像,经确认保存后,一律不能再修改。若发现上述已形成的电子文档中的数据有误,只能加标注进行一次或多次说明。当确认验收完成后,不允许任何修改,也不允许再加标注,整个报表以图片形式保存。报表、照片和图纸可以单独打印,录像可以下载。

4. 多媒体交互子系统

作为远程验收系统的辅助子系统,多媒体交互子系统在工程质量验收时,帮助验收中心人员与现场人员远程实时交互通信,形成联动协作的同步音视频和文字等的交流,提高质量验收的效率与验收部位的准确性。远程验收时,也可通过互联网与异地的专家、领导进行管理、交流、指挥,及时解决技术、疑难、事故、管理问题等。

5. 知识中心子系统

知识中心子系统类似于一个文件管理系统,收集了国家的规程规范、行业标准、企业标准、文件等内容,事先存入系统数据库中,以便在验收时调用查阅,为验收过程中的相关人员提供知识支持。

6. 验收资料的保存和查阅

为便于业主及有关部门保管和查阅最终形成的验收资料(报表),资料管理子系统可以将这些资料导出为一组特定格式的文件,这些文件可以刻录成光盘或保存在其他存储媒介上。

三、系统的使用

系统的主控制共分为 5 个核心功能:视频显示及控制、资料填写、图档信息、参考知识库和功能调用,其中资料填写、图档信息、参考知识库的区域大小可以自行调整,也可以单独放大,也可以隐藏。

远程验收系统可与进度计划和形象进度软件结合,实现 4D 角度的现场监控,随时可对监控现场进度和三维进度计划进行对比,及时地发现进度偏差,保证最后工期的实现。系统可对工程结构施工远程监控、拍照和录像,实现对检验人员不易到达的施工现场作施工质量的远程验收,和施工现场的操作人员进行文字、图像及声音的互通和交流,并集成施工质量资料管理、电子图档管理、远程视频监控管理于同一个操作平台,即时察看视频录像,核对图纸,填写质量验收表格;该系统也可兼作安保监视系统。

四、发展趋势——质量管理与 BIM 技术的结合

质量管理人员利用 BIM 模型可指挥前方验收辅助人员到达指定位置,既可避免依靠二维图纸沟通容易出现误解的情况,又可直观进行实际施工情况画面与 BIM 模型的比对,对施工与设计的吻合度一目了然。另外,对于关键部位、节点的施工进度与指令,可以通过先进的激光测量等手段,将测量数据与 BIM 模型相比较,得到准确的量化工作量评估结果。通过使用 BIM 三维模型,可较好地提升复杂工程的质量管理水平。

五、小结

工程项目远程验收系统与项目本地视频监控系统两者之间有联系,但是更要明确其区别:其一,远程验收系统不受地域的限制,强调远程应用,专家不用到现场就可以直接了解施工的具体过程,能够及时发现和解决问题;其二,远程验收和监控系统在应用上着眼于辅助工程管理、质量管理以及工程验收,与安防监控应用有着明显的区别,适合于现代建筑企业的项目管理模式。除此之外,系统还具有网络化监控、网络存储、完整的监控管理功能,信息安全,设备用户的分级、分组管理等特点。

　　总之,工程项目远程验收系统能通过视频信息随时了解和掌握工程进展,远程协调、指挥工作能够实现将施工现场的图像、语音通过 Internet 传输到任何能上网的地点,实现与现场完全同步、实时的图像效果;通过视频语音通信客户端软件,对工程项目进行远程验收和监控,并能将现场图像实时显示并存储下来;以技术手段,提升项目的进度管理水平,改善工程管理效率。

参 考 文 献

[1] 柏慕进业. Autodesk Revit MEP 2017 管线综合设计应用[M]. 北京:电子工业出版社,2017.

[2] 董羽,刘悦,张俏. 建筑工程质量控制与验收[M]. 北京:化学工业出版社,2017.

[3] 桂小林. 物联网技术导论[M]. 2 版. 北京:清华大学出版社,2018.

[4] 梁永生. 物联网技术与应用[M]. 北京:机械工业出版社,2014.

[5] 马骁,陶海波. BIM 实操 建筑工程 BIM 设计快速入门及模板应用[M]. 北京:机械工业出版社,2018.

[6] 邱仁宗. 建筑工程验收与资料管理[M]. 厦门:厦门大学出版社,2015.

[7] 卫涛. 基于 BIM 的 Revit 装配式建筑设计实战[M]. 北京:清华大学出版社,2018.

[8] 张志强. 综合远程监控管理技术[M]. 长沙:中南大学出版社,2010.